UNE MISSION

AUX EAUX D'ALLEMAGNE

Et du Centre de l'Europe

PAR

Le Docteur MIQUEL-DALTON

(DE CAUTERETS)

TARBES. — IMPRIMERIE VIMARD, COURS DE REINE

Docteur MIQUEL-DALTON

UNE MISSION

AUX EAUX D'ALLEMAGNE

Et du Centre de l'Europe

(Conférence à la Société Académique
de Tarbes. — Avril 1898).

Mesdames,

Messieurs,

Les Conférences se suivent et vous vous direz, j'en ai peur, qu'elles ne se ressemblent guère. La faute en sera évidemment au conférencier novice plus encore qu'à la nature un peu spéciale du sujet dont je viens vous entretenir.

Il m'a semblé que dans un département comme le nôtre, personne ne devait se désintéresser tout à fait des questions thermales. La nature ne nous a pas gratifiés en vain, — avec quelle profusion ! — de sources si variées par leur température, leurs principes et leurs vertus. Leur exploitation a constitué de tout temps une de nos industries et peut-être la plus importante, la seule en tout cas qui fasse vivre nos villes d'eaux, dont le renom est aussi ancien que celui de la Bigorre.

« Quand la saison va, tout va ! » Vous ne l'entendez plus proférer, cet aphorisme triomphant qui résumait le *credo* économique de tant de nos compatriotes ! Voici quelque dix ans, une crise dont on a par trop exagéré la gravité, a commencé de sévir sur nos stations Pyrénéennes, comme d'ailleurs sur l'universalité des stations de France, et la saison ne va plus. On cherche le pourquoi... C'est une vérité quasi passée à l'état de proverbe que la « saison » a toujours été le thermomètre de la fortune publique. Il nous indique aujourd'hui, ce thermomètre, ce que nous savions, parbleu ! sans lui, — qu'après la période des vaches grasses est venue pour notre pays, la période des vaches maigres.... Le soleil lui-même a ses éclipses, et ce n'est pas une raison de crier à la fin du monde !

On n'a pas manqué de trouver d'autres explications moins simplistes au malaise dont souffre l'industrie thermale. Contre ce phylloxéra d'un nouveau genre, qui s'attaque à nos richesses aquatiques, comme l'autre a manqué tuer nos richesses vinicoles, nous devions nous attendre à voir préconiser le plant étranger, le remède allemand... Imiter et copier le vainqueur est devenu pour tant de nos « intellec-

tuels» le commencement et la fin de la sagesse!... Allez donc
voir de l'autre côté de la frontière, nous a-t-on dit et ressassé,
à quel degré de splendeur inouïe sont parvenues les stations
rivales, mais aussi quel luxe d'installations, quel confort,
quel outillage perfectionné ! Empruntez aux Allemands leur
savante combinaison de la cure d'air et de la cure de repos
avec la cure d'eau, et ne vous attardez pas davantage à faire
de celle-ci le principal, alors qu'à notre époque elle doit
devenir l'accessoire... Là est le salut !

Ce n'est pas d'hier que les Allemands sont passés maîtres
dans l'art de faire valoir leurs maigres ressources hydrolo-
giques. Vers 1840 déjà, on disait des merveilles des thermes
d'Outre-Rhin, et un médecin de Luchon, Amédée Fontan,
allait les étudier sur place. Il en rapportait pour nous un
plan de réorganisation, qui doit dormir quelque part dans
un carton poudreux... C'est hélas ! le sort qui attend tous
les travaux de ce genre !...

Au printemps dernier, grâce à la libéralité d'un de nos
Syndicats de la montagne, une délégation de médecins, dont
j'avais l'honneur de faire partie (1), et à laquelle s'était
joint M. le Préfet, a refait ce voyage et a poursuivi son
enquête non seulement en Allemagne, mais en Autriche, en
Suisse et en Belgique. Ce sont des impressions personnelles
que je vous apporte de notre tour d'Europe centrale. Je
tâcherai de parler le moins possible en professionnel et
surtout de glisser sur le côté technique de notre mission....

Faisons, tout de suite, connaissance avec les lieux.

« Quel joli coin de terre, quel frais ensemble de montagnes, de collines, de vallées, de jardins, de forêts, de
maisons riantes ! » Voilà **Spa** évoqué par la plume d'un
« bobelin » célèbre, (ce qui veut dire d'un buveur de
là-bas), plus connu comme « Prince de la critique » que
comme bourgeois de Spa : j'ai nommé Jules Janin... Le
contraste est surtout saisissant entre l'oasis de verdure
qu'est la ville thermale et le pays d'alentour, tout hérissé
de cheminées d'usines... Spa possède sept fontaines ferrugineuses, dont les plus célèbres sont les *Pouhons*, surtout
celui de Pierre-le-Grand, qui a maintenant une buvette
digne de lui, et, à côté, un beau jardin d'hiver. Les autres
sources sont échelonnées hors ville et le « tour des fontaines »
est la promenade classique. Nous fîmes, comme tout le

(1) Avec mes confrères et amis les docteurs A. Lamarque et
Pédebidou.

monde, notre pélerinage à la Sauvenière, où l'empreinte du
pied de St-Remacle, soigneusement entretenue depuis douze
siècles, continue à faire des miracles dans la stérilité... Il y
a vingt ans, Spa n'avait pas d'établissement convenable, les
bains d'alors ont été désaffectés et sont devenus la Maison
de ville. Les nouveaux Thermes qui ont coûté 1,400,000
francs, et où l'on pourrait prendre par jour 600 bains,
occupent une superficie de près d'un demi-hectare. La
distribution intérieure ne mérite pas d'être louée, parce que
les installations balnéaires sont réparties en trois étages,
desservis par des escaliers incommodes et inélégants. Mais,
à l'entrée, il y a un beau vestibule et deux coquets salons
d'attente. Les entreprises de jeux publics du siecle dernier
ont légué à Spa trois monuments d'inégale architecture .
un seul, la « Redoute », a gardé son emploi en changeant
de nom ; il est devenu le Casino où, depuis 1895, la
roulette et le trente-et-quarante ont fait leur réapparition.

La frontière de Prusse passée, nous sommes vite à
Aachen (Aix-la-Chapelle), la grande ville industrielle
si riche en souvenirs historiques. Un moment française au
commencement de ce siecle, la cité de Charlemagne fut
l'objet de la faveur toute particulière de Napoléon, et
Joséphine fit des cures au « Bain Charles », qui existait
encore récemment.... Les sources, sulfureuses et salées,
sont groupées en supérieures et inférieures, les premieres
regardées comme plus actives. De celles-ci, la plus chaude
est *Kayserquelle* (55°) qui jaillit en plein *Kayserbad* (Bain
Impérial) et fournit aussi au *Neubad* et au bad *Reine de
Hongrie*, ainsi qu'aux buvettes *Elise* et *Jardin d'Elise*.
L'établissement *Quirinus* reçoit l'eau de St-Quirin. Parmi
les sources du groupe inférieur, la source « des Roses », la
plus abondante de toutes, alimente les baden *des Roses* et
Comphaus, Cornélius le bad du même nom. La Ville est
propriétaire de tous ces bains, au nombre de sept, qui
sont en même temps des hôtels : elle les concède à des
particuliers, et M. Dremel, qui fut notre hôte très aimable
à Aachen, exploite pour son compte trois établissements de
trois classes : Kayserbad, Neubad et Quirinus. L'unité de
direction permet de faire jouir les clients peu fortunés de
ce dernier hôtel d'un traitement vraîment de faveur....
Au Kayserbad, les cabines sont d'une propreté irréprochable,
décorées sobrement mais décorées, malgré les vapeurs de
soufre moins malfaisantes qu'on ne le croit chez nous : les
déshabilloirs, isolés des cabines par de doubles portes en
chêne ciré, sont aménagés en salons de repos. Les cuves où
l'on se baigne et où l'on se fait masser sous la douche, sont
revêtues de plaques de faïence formant mosaïque et leur

contenance est de 1.000 litres : quantité d'eau où l'analyse révèle des kilos de principes actifs. Le sol est chauffé par l'eau minérale. Des calorifères entretiennent dans tout l'hôtel une température propice à la cure même d'hiver.... On boit un peu partout, à Aix-la-Chapelle : au « Jardin d'Élise », qui est la buvette principale, nous vîmes pour la première fois ces horribles kiosques à toiture en forme de coquille d'où les flots d'harmonie pleuvent à jet continu sur le mélomane insatiable. N'insistons pas sur les ressources musicales, théâtrales et autres qu'offre une ville de 130.000 habitants (y compris ceux du faubourg Borcette). Les belles promenades ne manquent pas. D'une colline voisine, accessible aux voitures, on jouit d'une vue superbe sur la vallée verdoyante d'Aachen, longue et large de deux lieues.

Pour faire plus ample connaissance avec la Prusse thermale, traversons le Rhin et passons dans l'ancien Nassau, dont le souverain perdit en 1866, avec sa couronne ducale, Ems et Wiesbaden qui en étaient les vrais joyaux.

Ems mérite sa réputation, de fraîche date pourtant, de lieu de cure sérieux. La ville est située dans la partie la plus encaissée de la Lahn, abritée par des hauteurs de tous les côtés sauf au Sud. Trois ponts métalliques mettent en communication les deux rives. La gauche n'est bâtie que depuis peu d'années, et ce ne sont partout que villas confortables enfouies dans des nids de verdure. En face, le vieil Ems étale sa rangée d'hôtels et de maisons adossés à la montagne. C'est, en descendant la rivière, le Kurhaus, qui est à la fois un hôtel et la principale maison de bains : là sont les buvettes du *Chaudron*, du *Robinet*, des *Princes* qui firent à un Français de beaucoup d'esprit, arrivant, il est vrai, de Hombourg, l'effet d'un dispensaire dans une cave. C'est ensuite le Kursaal, construit en pierres grises, et qui n'a pas, extérieurement, l'aspect engageant d'un ancien temple de la Roulette. Du Kurhaus, au niveau des buvettes, aux *Quatre Tours*, autre bain-hôtel appartenant aussi au Domaine prussien, c'est le Kurgarten, suite d'allées de marronniers et de tilleuls et de parcs ombreux qui occupent le peu d'espace resté libre entre les habitations et la rivière. Dans ce Kurgarten, où nous croisons maintenant de pacifiques Curgäste (curistes) se rendant aux buvettes ou en revenant pour faire leur promenade hygiénique, eut lieu, entre le roi de Prusse et l'ambassadeur Benedetti, la scène d'où sortit la guerre : une simple dalle posée à terre, dans l'allée la plus passante, en consacre le souvenir et porte cette inscription : 13 juillet 1870, 9 heures 10 du matin... Guillaume, devenu empereur, resta jusqu'à sa mort le fidèle client d'Ems, et on lui doit la belle colonnade qui se trouve dans le Parc, derrière le Kursaal. Proche des buvettes, un autre promenoir couvert abrite d'élégants étalages : là peut se réfugier en cas de mauvais temps, la foule des baigneurs qui, d'ordinaire, à l'heure du concert matinal aux sources, fait les cent pas autour du kiosque de la musique... Outre le Kurhaus et les Quatre Tours, le Domaine prussien possède sur la rive gauche le *Nouveau Badehaus*, qui n'est pas un hôtel, et près des buvettes, la *Maison de pierre*, établissement à bon marché. Un *Hospitalbad* est réservé aux pauvres. Il y a deux Bains particuliers : celui de l'*Hôtel de l'Europe* et celui des *Romains*, communiquant avec l'hôtel de ce nom et l'hôtel du prince de Galles. L'eau d'Ems, bicarbonatée et salée, est la même dans tous ces établissements, sauf d'importantes variations de température, et le prix diffère selon le confort plus ou moins grand. Nous retrouvons à Ems et nous retrouverons ailleurs les baignoires revêtues de plaques de faïence, qui ont l'avantage de conserver la température et ne sont pas d'un nettoyage aussi difficile qu'on l'a dit. Au Kurhaus, la fameuse *Bubenquelle* (source des Marmots), alimente une douche spéciale, dont le matériel comporte un trépied symbolique, où se voient une croix, une ancre, un cœur, dont la signification n'est pas aussi catholique que vous pourriez le supposer à première vue... Les « Inhalations » d'Ems jouissent d'un grand renom à l'étranger. Ce sont, à proprement parler, des pulvérisations de la gorge et du nez, et le liquide pulvérisé est souvent non pas de l'eau d'Ems, mais une drogue quelconque. Outre les appareils séparés que l'on trouve, au nombre d'une centaine, dans des annexes du Kurhaus, à la Nouvelle Maison des Bains, dans les deux hôtels-bains privés, dans les instituts de MM. Gœbel et Quehl, existe, chez ce dernier, une véritable salle d'inhalation humide, où l'on inhale un mélange de « Soole » (eau concentrée d'Ems) et d'essence de conifères. On fait aussi beaucoup de traitements accessoires (air comprimé, gymnastique pulmonaire, etc.) dans les divers Instituts.

Ces « Instituts » en tout genre sont une des caractéristiques des stations allemandes et en font de vastes polycliniques, où le traitement par l'eau minérale passe presque au dernier plan. Nous en trouvions, le lendemain, la synthèse au Bad « Augusta Victoria », qui résume en même temps la cure de **Wiesbaden**. Ce Bad est un hôtel, qui s'appelle *Kaiserhof* et dont la construction a coûté 4 millions 1/2. Voulez-vous l'énumération des ressources thérapeutiques accumulées dans ses trois étages ? Au rez-de-chaussée, bains thermaux, chambres de repos, bains de boue. Au 1er, bains ordinaires, deux grandes piscines qui ont 19 mètres de

long sur 11 de large. (Chaque « *Schwimmbad* » a 44 déshabilloirs, dont les plus luxueux sont au 2º étage)... Entre les
deux piscines, un hall avec buvette (trinkbrunnen) et buffet.
Toujours au premier étage, deux grandes installations pour
le traitement par l'eau froide, des bains électriques, des
chambres pneumatiques, des bains médicinaux, des inhalations, une salle réservée au traitement par le « Lignosulfite »,
des salons de massage. Au 2º étage, au-dessus des piscines,
vastes salles de repos ; deux salles de gymnastique Suédoise
avec l'assortiment complet des machines Zander ; bains de
vapeurs romain-irlandais, russe et en caisse ; salles de
douches avec les appareils conformes, (on s'en vante à
Wiesbaden !) aux derniers modèles français, bains de sable
etc.... Le Kayserhof ressemble à un palais et son sous-sol à
une usine. Il est à noter que dix-sept cabines, absolument
luxueuses d'ailleurs, y constituent tout le domaine de la cure
saline par les bains... Je dois ajouter que Wiesbaden possède
une vingtaine de sources, toutes plus ou moins salines,
carboniques et ferrugineuses, qui alimentent, dit-on, neuf
cents baignoires, dans les différents hôtels de la ville, dans
l'Etablissement de l'Etat de l'hôtel de l'Arquebusier
(Schutzenhof) et le bain « Guillaume » fondé par le feu
Kayser pour les invalides et les soldats... La plus célèbre
des buvettes est celle de *Kochbrunnen*, dont l'eau, qui a 68º,
fournit à huit hôtels, parmi lesquels l'hôtel de la Rose.
L'affluence est grande le matin dans le joli jardin de
Kochbrunnen et sous le promenoir couvert qui l'entoure de
trois côtés... Le Kurhaus de Wiesbaden mérita l'admiration
de Gœthe. C'est maintenant un magnifique casino, dont le
salon de lecture reçoit trois cents journaux et revues de
tous les pays. Nous assistâmes à une grande fête de nuit
dans le parc illuminé à giorno, autour d'une pièce d'eau
qui mérite presque le nom de lac. Perpendiculaires à la
façade du Kurhaus (ou Kursaal) sont deux superbes
colonnades de 150 mètres chacune : à droite, la « Nouvelle
Colonnade », où se tient une Exposition d'Art permanente,
et où, les jours de mauvais temps, les curistes vont boire à
la buvette « Guillaume »; à gauche, la « Vieille-Colonnade »
où l'on joue à divers petits jeux et où l'on fait à l'automne
la *Traubenkur* (cure de raisin). L'une et l'autre de ces promenades couvertes sont agrémentées de splendides bazars :
entre les deux nous admirons les belles fleurs du « Blumen-
parterre »... L'ancienne capitale du Nassau, devenue la
métropole des villes d'eaux du Taunus, s'enorgueillit à juste
titre de ses parterres fleuris qui en font une « Nice allemande », à laquelle il manque peu de chose en vérité : le
ciel bleu et la mer...

Capitale aussi fut **Hombourg**, et le « Schloss » (château)

des Landgraves domine encore la vieille ville qui, depuis
deux cents ans et plus, s'appelle la Nouvelle (Neustadt).
Hombourg thermal a, lui, comme centre le Kurhaus, qui
fut le Palais des Jeux. De la ville vraiment nouvelle on
peut dire. avec J.-J. Weiss, « qu'elle est née, comme Vénus,
du sein des eaux. Elle est sortie comme par enchantement de
ses fontaines salines. Seulement il a fallu l'enchanteur, et
cet enchanteur a été le démon lui-même, sous la forme de
M. Blanc, qui a fondé la Maison de Jeux, *die Spielhalle*,
l'enfer de la maison des jeux, comme peut dire en un seul
mot la langue allemande, avec sa puissance lexicographique
inépuisable. » L'enfer a bien fait les choses, on ne peut
s'empêcher d'en convenir quand on visite les merveilles
du Kurhaus et surtout quand, descendant de la triple
terrasse étagée du côté du jardin (où, par parenthèse, on
était seulement en train d'installer la lumière électrique),
on parcourt les sentiers ombragés du Parc et l'on a devant
soi ce riant décor de pelouses et de boulingrins, auxquels
font suite la forêt touffue, et, dans un lointain romantique,
la montagne. On oublierait volontiers que ce Parc enchanteur est, selon l'expression de là-bas, un « Parc de sources
à boire », et l'on ne prend pas garde à la mauvaise tenue,
hygiéniquement parlant, des « jolies Nymphes de Hombourg ». La source principale, *Elisabeth*, sort d'un puits à
découvert, entouré d'une balustrade. A proximité est une
galerie en bois qui aboutit à une grande serre, le Conser-
vatoire, où l'on voit un superbe pin sous une coupole
de verre. En face, c'est l'Orangerie, veuve de ses orangers
perdus jadis à la roulette par un landgrave en déveine et
qui sont maintenant à Postdam : pendant la saison, l'orangerie sert de buvette (trinkhalle). Des autres sources
(*Ludwig, Kayser, Stahl* ou fer, *Louise*), la dernière seule,
qui sent un peu l'hydrogène sulfuré, est recouverte d'un
kiosque...., Dans le nouvel établissement qui s'appelle
Parkbad, et dont nous remarquons la belle rotonde centrale
et la coupole ornée de vitraux, les installations balnéaires
sont bien comprises. Il s'agit d'eau salée, ferrugineuse et
gazeuse, chauffée artificiellement à la vapeur. Les baignoires
sont en cuivre jaune et reluisent comme une belle batterie
de cuisine .. Le temps nous manqua malheureusement
d'excursionner aux environs, où un Français a encore
aujourd'hui la surprise d'entendre parler, dans un village
allemand, notre langage du grand siècle : c'est tout ce
que les descendants des calvinistes, chassés par les Dragon-
nades, qui ont peuplé Friedrichsdorf, ont gardé de leur
patrie d'origine.

Il nous reste à visiter une autre station du Taunus, dont
la fortune rapide, coïncidant avec la fermeture des jeux,

est citée partout comme des plus suggestives. C'est **Nauheim**, dans le grand-duché de Hesse-Darmstadt, connue comme saline depuis un siècle et comme ville d'eau depuis peu d'années seulement. Dans le parc jaillissent deux sources, dont l'une le *Friedrich Wilhelm Sprudel* s'élance de terre par un jet de plusieurs mètres et qui, à elles deux, auraient un débit de deux millions et demi de litres. Elles alimentent six pavillons de bains simplement numérotés de 1 à 6, et dont le sixième n'était pas encore achevé. Dans l'établissement numéro 5, qui était le plus neuf et le plus confortable, une aile est consacrée aux « bains effervescents », dans lesquels l'eau, qui a 35°, est conduite directement à la baignoire. C'est le *Sprudelbad*, qui, lorsqu'il est à eau courante, devient le *Sprudelstrombad*. L'autre aile du bâtiment est consacrée au bain dit « thermal », où l'eau arrive de réservoirs, a perdu de son acide carbonique et de sa chaleur : on est obligé de la chauffer comme à Hombourg. D'autres sources servent à la boisson, surtout *Kurbrunnen*. Près de ce puits, une buvette couverte possede quelques stalles d'inhalation. On inhale aussi à la saline grand ducale. Nauheim a beaucoup d'instituts. Le Kursaal qui date des jeux, est bâti sur le modèle des maisons de conversation d'Ems et de Wiesbaden. Le Parc mérite d'être cité après celui de Hombourg, c'est tout dire ...

Notre excursion au Taunus est finie et nous voici transportés en haute Franconie, dans la cité thermale bavaroise de **Kissingen**, entourée de bois et fort bien bâtie, mais qui donne tout de suite l'impression d'une station de malades. Il faut voir dès patron-minette les curgastes s'acheminer vers les fontaines salines et avec quelle componction les clients de *Racoczy* dégustent leurs verres d'eau, que des garçons alertes vont remplir en les plongeant huit par huit, dans des paniers de fer, au fond du puits bouillonnant *Pandour*, qui contient également six grammes de chlorure et du fer, est négligé, on ne sait pourquoi. *Maxbrunnen*, moins minéralisé et pas ferrugineux, est à part. Les trois sources n'ont que 10-11°. A la Trinkhalle de Racoczy et Pandour, remarquons de grands réchauds : la plupart des buveurs y font chauffer l'eau, qui, au bainmarie, perd en même temps son excès de gaz carbonique. Entre les prises d'eau, espacées d'un quart d'heure, la promenade est obligatoire, au son de la musique, dans les allées du Kurgarten ; c'est une esplanade ornée d'arbustes et de massifs, sur le côté et dans le prolongement de laquelle une série de colonnades et de galeries couvertes offre un abri contre la pluie et le soleil... A droite et à gauche du jardin, sont deux établissements de bains : le

Kurhaus, qui est un hotel et l'*Aktienbad*, propriété d'une Société par actions. Le Kurhaus a 42 cabinets de bains, dont 4 alimentés par Pandour et 3 bains de boue. Aktienbad 132 cabinets, dont 2 avec salons, 18 bains de Pandour et 8 bains de boue, plus 2 salles de douches et des bains de vapeur. Le troisième établissement est à la « Maison de Graduation » c'est-à-dire à la Saline, à vingt minutes de la ville ; on y va à pied ou en voiture par une belle allée de marronniers, à moins qu'on ne préfère prendre le petit vapeur qui fait le service sur la Saale franconienne. Le bain de la Saline est à deux étages, alimenté par le *Soolsprudel*, puits artésien d'eau salée, profond de 100 mètres et recouvert d'une cloche que l'on voit s'élever par intermittences. Cette eau se boit et fournit à plus de 100 cabines, dont 29 ont des baignoires disposées pour le bain *à la lame* dont je reparlerai, 4 bains « nobles » et un bain « des princes », sans compter les salles de douches, 4 bains de boue, 6 baignoires pour bains entiers de gaz carbonique et 2 appareils pour bains locaux, 2 salles d'inhalation, 8 appareils de pulvérisation... Les cabines sont propres, simplement blanchies à la chaux, sauf le bain des princes, tout en marbre, ressemblant vaguement au tombeau des Invalides et les bains Nobles, dont un porte le nom de Bismark, hôte assidu de Kissengin... Un deuxième Sprudel, *Schonborns-prudel*, est à trois quarts d'heure de la saline : c'est ce Sprudel qui fournit à l'Aktienbad... Il y a un théâtre à Kissengin, mais on s'y couche de bonne heure, et tout nous y parut réglementé . nourriture, exercice, sommeil, etc... Je résumerai d'un mot : c'est le *tout à la cure*...

À **Baden-Baden**, dans le grand duché de Bade, la scène change : c'est le *tout à la joie*. Bade est, comme vous le savez, encore un de ces paradis que créa « die Spielhalle », ici par la baguette de M Bénazet. La ville d'eau aura de la peine à faire oublier la vieille réputation de la ville de plaisirs, d'autant plus que son eau salée, d'une haute température, il est vrai, est remarquablement pauvre en principes actifs. On additionnait l'*Ursprung* (source principale) de bicarbonate de soude, au temps de Fontan. Aujourd'hui encore, rares sont les buveurs qui boivent de l'eau de Bade pure à la *Trinkhalle*, où se débitent tous les sels et toutes les eaux minérales allemandes et étrangeres. Beau monument que cette trinkhalle, avec ses seize colonnes d'ordre corinthien et ses peintures à la fresque racontant les légendes d'ondines et de dames blanches et l'inévitable cure miraculeuse de je ne sais plus quel comte palatin. Longue de 85 mètres, la galerie est la promenade en vogue pour les jours froids et pluvieux... A deux pas se trouve la

« Maison de conversation » dont je ne m'attarderai pas à
décrire les splendeurs architecturales. Devant le portique,
un magnifique jardin avec kiosque de musique, par
exception dans le goût français... Un peu plus loin, un
promenoir couvert, avec d'élégantes boutiques. Puis c'est
le théâtre et la célèbre allée de Lichthenthal... Mais le
Bain Frédéric, cité partout comme modèle, nous réclame.
Il est bâti sur le versant du Schlossberg, là où fut jadis un
Therme romain, au temps de Marc-Aurèle. C'est un vaste
carré surmonté d'une coupole : les façades sont en grès
rouge et blanc et un escalier imposant conduit au portail
d'entrée qu'ornent de nombreuses statues. L'édifice est
adossé à la montagne, de sorte qu'on entre de plain-pied au
2ª étage où sont les bains de vapeurs. L'eau qui a 62º,
descend dans les murs et plafonds par une canalisation de
plusieurs kilomètres, et arrive refroidie au rez-de-chaussée
où sont les bains, plus luxueux que tout ce que nous avons
vu jusqu'ici; et les piscines à eau courante, où, par un
artifice de robinets, s'obtient l'illusion de la vague. Au
1ᵉʳ étage sont les fameux *Bains de Société*, comprenant
plusieurs piscines, dont une sous la coupole, — les bains
russes, où la vapeur naturelle est produite par des cascades
d'eau thermale, les bains romains, une immense salle de
repos, des salles de massage, une salle d'hydrothérapie avec
douches monstres ; au 1ᵉʳ étage aussi sont les installations
de gymnastique suédoise... Depuis 1893, un second bain
semblable à « Frédéric » et dédié à l'impératrice *Augusta*,
est réservé aux dames... Je citerai encore le *Bain national*,
avec le vieux bain de vapeurs y attenant, les bains annexés
à une demi-douzaine d'hôtels, les nombreux sanatoria et
maisons de santé...

Franzensbad, par où nous entrons en Bohême, sur le
territoire autrichien, n'a pas la prétention d'être une station
mondaine, et le soir, à 9 heures, un silence profond règne
dans la ville. C'est que la clientèle est en très grande majorité
féminine et que les « éternelles blessées » ont déjà grand'-
peine à se traîner le matin aux sources, où, par faveur
spéciale, il leur est permis d'écouter la musique assises. La
cité thermale, agréablement encadrée d'un parc mi-partie
français, mi-partie anglais, leur offre de plus l'avantage d'un
sol uniformément plat. La Kurcapelle joue le matin à la *Source
Saline*, regardée maintenant là-bas comme la perle et qui
est reliée par une grande colonnade à la source des prés
(*Wiesenquelle*). Le concert continue à 7 h. 1/2, à *Franzens-
quelle*, la source la plus ancienne, qui est recouverte d'un
dôme de cuivre supporté par douze colonnes d'ordre dorique.
Tout près est la « Kolonnade », où sont les boutiques, le

Kurhaus est en face. Inutile de nommer ces douze sources, qui sont toutes froides, (on les chauffe), plus ou moins effervescentes, et contiennent du sulfate de soude et du fer. Parmi les quatre établissements, un appartient à la ville voisine d'Eger. Le *Kayserbad* est la propriété d'un particulier Les bains de boue, qui sont la véritable spécialité de la station, y sont très bien installés. La tourbe provient d'un marais ferrugineux presque inépuisable, distant d'une demi-heure. On l'extrait à l'automne et on l'entasse six mois à l'air pour lui faire subir l' « efflorescence ». Elle est pulvérisée ensuite selon une méthode spéciale, dit-on. Au Kayserbad, outre les bains de boue et les bains d'eau minérale, il y a des piscines, des douches, des bains d'air chaud (romains-irlandais) et deux pavillons princiers... A Franzensbad, on appelle *bains minéraux* ceux où la vapeur est introduite directement pour chauffer le bain, et *bains d'acier* (Stahlbæder) non pas des bains différents par leur teneur en fer, mais des bains chauffés par des tuyaux circulant dans le double-fond de la baignoire, et dont l'eau a perdu le moins possible de gaz. On prend des bains de gaz pur dans un cinquième établissement, construit au-dessus d'une source gazeuse connue anciennement sous le nom de *Source bruyante*.

... Le lendemain, nous arrivions à **Carlsbad**, par un temps affreux, et à l'aspect du quartier avoisinant la gare, nous étions tentés de lui contester de prime abord son titre de « Roi des Eaux Minérales ». Le vrai Carlsbad ne commence que de l'autre côté de l'Eger, au confluent de la Tepl, enserré au fond de l'étroite vallée dont il occupe les moindres espaces, sur l'une et l'autre rive, que joignent de nombreux ponts et passerelles. Une partie de la ville est bâtie sur le dépôt calcaire formé par les eaux, et Carlsbad est assis, comme on l'a dit, sur un volcan aquatique. Le tuyau par où jaillit le fameux *Sprudel*, dont le jet, presque de la grosseur d'un homme, s'élève, par intermittences, à 2 et 4 mètres, en constitue le cratère artificiel : un des cratères, veux-je dire, car les autres sources, au nombre de 16 ou 18, proviennent aussi de fissures spontanées ou de forages, entretenus béants, non sans peine, tant est grande la puissance pétrifiante de l'eau... Notre première visite doit être pour la Sprudelkolonnade, qui a l'ambition de ressembler à un Temple, mais dont les matériaux, verre et fer, évoquent plutôt des souvenirs d'Expositions et de Galeries de machines. Grandiose à l'intérieur est le promenoir, éclairé par de hautes fenêtres cintrées et aménagé en jardin d'hiver, avec estrade pour la musique. Il aboutit à la buvette, où le Sprudel jaillit dans sa grande vasque de cuivre. L'eau a 72 degrés 1/2, le débit moyen dépasse 2 millions de litres. De

gracieuses· fillettes prennent le verre du buveur au bout
d'un long bâton et le remplissent à la volée. Mentionnons
le *Bain du Sprudel*, la source *Hygie* qui est la plus propre
à la fabrication des sels, une autre source importante qui
coule dans le lit de la rivière... Nous sommes sur la rive
droite de la Tepl. En la remontant, nous laissons derrière
nous le *Neubad*, qui n'est plus l'établissement de premier
ordre, et nous arrivons au Bain Impérial (*Kayserbad*) inau-
guré en 1895 et pour lequel la ville a dépensé plus de 6
millions : Il est en fer à cheval et très richement décoré
à l'extérieur comme à l'intérieur. Dans le sous-sol sont
les salles d'hydrothérapie, qui semblent faites, comme
à Bade et à Wiesbaden, pour permettre de donner à la
fois une quantité de douches : il y a tout un assortiment
d'appareils et les déshabilloirs sont nombreux, munis
de lits de repos. Le « Parterre, » (rez-de-chaussée) et le
premier sont consacrés aux bains de boue : la baignoire
qui la contient est hissée par un ascenseur, l'autre baignoire
où l'on passe ensuite est émaillée, à formes arrondies. Les
bains de première classe, qui sont tarifés assez cher, sont
luxueux, les autres très confortables. Au 2° sont les « bains
minéraux » (Sprudelbæder) : les baignoires sont rectangu-
laires, revêtues de faïence et de grandes dimensions. Au 1er
étage, outre les bains, sont la salle de gymnastique suédoise
et le grand salon de repos, avec dix canapés... Passons sur
la rive gauche. Nous tombons sur le *Kiesweg*, promenade
ombragée qu'affectionnent les buveurs, après la séance du
matin aux sources, et par laquelle ils gagnent les nombreux
restaurants champêtres où d'accortes servantes leur serviront
à déjeuner en plein air (Sans-Souci, Posthof). Au Kiesweg
s'amorcent force sentiers qui grimpent vers la forêt voisine.
Par là aussi on va au Vieluhr-Weg, promenade de 4 heures,
où l'on a de l'ombre à cette heure de l'après-midi.

Le Kiesweg est bordé de boutiques et de loges où l'on se
pèse, occupation familière aux clients de Carlsbad ; je notai
des plaques commémoratives du séjour de grands person-
nages, que j'avais prises d'abord pour des ex-votos dans le
style de Lourdes... Redescendant le Kiesweg et la rive
gauche, nous voici aux *Etablissements Pupp*, dont le café
et le jardin sont très fréquentés, puis à la Vieille prairie
(*Alte Wiese*), vrai centre de la vie carlsbadoise, sorte de
boulevard aux riches magasins, aux cafés jamais désemplis
dont les tables envahissent les trottoirs à l'ombre des
grands marronniers. Puis c'est la *colonnade du Marché*, qui
abrite deux sources et n'offre rien de bien remarquable.
Plus loin la *colonnade du Moulin*, qui a coûté près de
1,500,000 francs et que l'on est convenu de trouver splendide, malgré que cette forêt de colonnes de pierre ne rime

pas à grand'chose : la terrasse qui la surmonte a 220 mètres de longueur. La foule se presse chaque matin aux buvettes du Moulin, surtout à *Muhlbrunn* et *Neubrunn*, et la musique y joue comme au Sprudel... Voisin de la colonnade est le *Kurhaus* qui, en même temps qu'un Casino, est un établissement de bains, pas comparable au Kayserbad... Nous arrivons ensuite aux *bains militaires* et, enfin, en nous rapprochant de la gare, au Parc de la ville (*Stadtpark*), admirablement entretenu, et où se donnent des concerts quand ils n'ont pas lieu chez Pupp... J'allais oublier de dire que l'eau de Carlsbad, qui ne contient que 2 gr. 4 de sulfate de soude et 1 gr. de bicarbonate, a pourtant une action des plus perturbatrices et est, à beaucoup d'égards, sans analogue en France.

« Sa Majesté » Carlsbad nous a retenus assez longtemps. Les exigences de notre itinéraire ne nous permirent pas de voir une autre ville d'eau de Bohême, qui est la deuxième par l'importance : **Marienbad**. L'ordre religieux qui possède ces sources ne néglige rien, dit-on, pour suivre la station voisine dans sa marche triomphale vers le progrès... Si nous avions pu pousser jusqu'en Hongrie, nous y aurions vu, parait-il, des sources étonnamment sulfureuses...

Il fallut se contenter, lors de notre passage à Vienne, de visiter Baden, (**Baden bei Wien**), qui n'en est distant que d'une trentaine de kilomètres. Les eaux de Baden passent en Autriche pour des eaux sulfureuses : en réalité, elles sont faiblement minéralisées et ne contiennent guère que des sulfates et du sel. Elles sont employées surtout en bains, et leur température, quoiqu'elle ne dépasse guère 35°, permet de les administrer à la chaleur native. Au *Sauerhof*, où le hasard nous conduisit au débarqué, et qui est un établissement militaire où les civils et même les dames ont accès, on prend de prétendus bains de vapeurs naturelles en s'asseyant sur des gradins de pierre au-dessus d'une piscine, dont l'eau a 34° et 3 dixièmes. Il faut ajouter que l'aération de la salle est absolument nulle... De temps immémorial, depuis les Romains peut-être, car sous le nom d'*Aquæ Pannoniæ*, ces eaux furent fréquentées par les conquérants du monde, la coutume s'est conservée à Baden des bains pris en commun, hommes et femmes pêle-mêle. Baigneuses et baigneurs, nous expliquait un cicerone complaisant, revêtent obligatoirement un manteau qui les couvre jusqu'au menton et qui n'a rien d'esthétique : ainsi se trouve sauvegardée la décence. Cette mode des petites piscines avait sa raison d'être alors que l'on prenait des bains prolongés et que la distraction aidait à passer souvent plusieurs heures dans l'eau, mais l'espace manquait et manque pour faire un peu de mouvement. Les partisans de la solitude ont à leur disposition des cabines séparées, « bains à l'heure » comme on dit là-bas (Stundenbæder). Les dames ont un bain pour elles à *Caroline*, tandis que le *Bain des dames*, qui a un établissement commun avec Caroline, est accessible aux hommes. Cet établissement, récemment remis à neuf, est le plus luxeux. Très simples les installations aux bains « du Duc » (*Herzogsbad*) et *Antoine*, qui communiquent avec un hôtel, à *Thérèse*, ainsi nommé en l'honneur de Marie-Thérèse, et où il y a aussi des chambres, à la source principale (*Ursprung*), où existent des bains de vapeurs, de boue, etc... Une mention aux deux grandes piscines en plein air, alimentées par de l'eau à 22° : elles ont chacune 19 metres sur 14 et, pour parler la langue du jour, détiennent le record du Monde.... Je n'ai pas encore dit que Baden est une ville propre et charmante, qu'elle a un beau Kurhaus et un parc tres agréable et que ses environs sont semés de villas princières....

Ce sont les Archiducs aussi — et l'Empereur-Roi — qui ont fait la fortune d'**Ischl**, ville d'eaux située sur une presqu'île formée par la Traun et l'Ischl, au centre de ce Salzkammergut, qui mérite et au-delà le nom qu'on lui a donné de « Suisse autrichienne »... Rien, à ma connaissance, de comparable à la série de merveilleux tableaux dioramiques qui défilent sous les yeux éblouis du voyageur pendant les quarts d'heures trop courts que dure la traversée de Salzbourg à Ischl, par le chemin de fer local, un vrai bijou... On arrive tout disposé à ne pas reprocher à Ischl sa pauvreté en ressources curatives. Sel et soleil, c'est tout ce qu'on doit venir chercher ici, nous apprend une inscription latine : *In sale et in sole omnia consistunt*... Au *Bain de la Saline*, qui venait de s'ouvrir, on nous fit les honneurs de la salle d'inhalation de vapeurs chlorurées (*Sool-Dæmpfen*). Dans le même bâtiment existent une salle d'hydrothérapie, des bains Russes et des bains de vapeur sèche, une installation d'appareils à air comprimé... Tout est propre et nu. Au sous-sol sont les machines... Au *Bain Wirer*, qui doit son nom à un *Rector Magnificus* de Vienne, se prennent des bains salés, additionnés ou non d'eaux-mères ou d'extrait de pin, dans des baignoires émaillées. Les baignoires sont en bois à *Gisèle*. Un quatrième établissement, *Rudolf*, ne fonctionne guère que pendant l'intersaison. La *Trinkhalle* (Buvette), est un long promenoir couvert, attenant à Wirer, et où l'on boit de tout sauf de l'eau d'Ischl... Les promenades en ville n'offrent rien de bien remarquable et on ne peut s'empêcher de trouver mesquins le Kurgarten, le Rudolfsgarten et l'Esplanade. Hôtels et maisons ne sont guère luxeux non plus pour un lieu de villégiature impériale, réputé cher entre toutes les stations à la mode... Les alentours immédiats semblent, par contre, très propices à la promenade hygiénique.

Gastein est le nom d'une vallée des Alpes autrichiennes, au sud de Salzbourg. Pour aller à Wildbad et à Hof-Gastein, il faut descendre à la station de Lend, où, débarquant une nuit sans nous être annoncés, nous fûmes heureux de trouver comme pilote de bonne volonté un brave gendarme tyrolien. On met près de quatre heures, en landau ou en malle-poste, pour faire les vingt-cinq kilomètres, et la réputation de la route est bien surfaite : sauf une gorge que traverse l'Ache, le trajet nous parut d'une rare monotonie. Au dix-septième kilomètre et demi, on est à *Hof-Gastein* qui est la succursale de Wildbad et jouit d'un climat plus doux. Il y a des établissements hospitaliers militaires et des bains dans divers hôtels et maisons. A l'hôtel Muller, où nous fîmes halte, je constatai que l'eau descendue à Hof avait perdu sa température : on m'expliqua que la saison avait commencé seulement la veille... A l'arrivée à *Wildbad Gastein*, on est agréablement surpris par l'aspect de la ville thermale, dont les maisons sont curieusement étagées sur les flancs de la vallée de l'Ache : en traversant le pont, on admire les deux majestueuses cascades, et on arrive à la minuscule place Straubinger, rendez-vous des Curgæstes. Le Casino est avant le pont (sur la rive gauche), au bout d'une longue galerie couverte (Wandelbahn) ... La boisson joue à Gastein un rôle à peu près nul. On se baigne dans les 183 cabinets répartis dans les hôtels, villas et maisons meublées. Chez Straubinger, on nous montra quatorze cabinets très simples, blanchis à la chaux : les baignoires sont remarquablement grandes et revêtues de faïence bleue. Le seul établissement de Gastein, au sens propre du mot, est un petit vaporarium bâti sur la source même d'*Elisabeth*. La moitié seulement des dix-huit sources de Gastein sont utilisées sources (du *Prince* ou Rudolf, du *Docteur*, du *Ventouseur*, du *Boulanger du ravin*, etc.) Leur mode d'action est inconnu, parce que l'analyse chimique n'y révèle pas de principes, mais les résultats thérapeutiques sont incontestables.

Passons en Suisse, par l'Arlberg, et nous allons retrouver une station analogue à **Ragatz**, dans le canton de St-Gall. L'eau vient de Pfæfers, qui est à 5 kilomètres et a l'antique réputation, consacrée par un dicton, de faire danser les boiteux... On fait en voiture la promenade de Pfæfers, par la route pittoresque qui serpente le long de

l'étroite vallée de la Tamina, si étroite par places que la lumière du soleil y pénètre à peine quelques heures par jour. Les bains de Pfæfers sont installés dans un ancien couvent, et ces vieilles bâtisses de couleur sombre ne sont pas faites pour égayer le paysage. Le bon marché et la tranquillité attirent pourtant la clientèle régionale et il y a logement pour 300 baigneurs, une trentaine de baignoires dont le quart en bois, grandes comme des piscines... On nous délivre, moyennant finance, un ticket qui nous donne accès à la passerelle de 500 mètres, taillée dans le roc, qui aboutit à la « Caverne des Sources ». Nous sommes dans la célèbre gorge de la Tamina, crevasse effrayante, que surplombe une voûte de rochers à peine entr'ouverte, et au fond de laquelle mugit le torrent, à une profondeur de 60 à 90 mètres... On voit encore dans le rocher les trous des poutres du Bain primitif où les patients étaient descendus par des cordes... Depuis 1840, des tuyaux de mélèze amènent à Ragatz l'eau qui, dans le trajet, ne perd que 2° : elle a encore 35° dans les baignoires du *Neubad*, de l'*Hélénebad* et du *Moulin*, succursales des caravansérails de feu M. Simon, concessionnaire et créateur de la ville' thermale... Du Quellenhof, (hôtel des Sources), qui est le plus moderne et le mieux agencé, un ascenseur et une galerie couverte conduisent au Neubad, où l'on prend des bains à eau courante dans de magnifiques bassins heptagonaux, revêtus de faïence, et permettant de s'étendre dans tous les sens. Les autres bains sont moins luxueux, surtout un quatrième, *Dorfbad* (bain du village), celui-là communiquant avec l'hôtel Tamina, hors de la concession Simon. Dans cette concession, derrière les hôtels, s'étend un splendide jardin. On y trouve le Kurhaus, où se donnent des concerts et des bals, une immense piscine couverte d'un hall d'une rusticité voulue (la piscine a 24 sur 9), un pavillon d'hydrothérapie admirablement aménagé, un institut médico-mécanique de gymnastique suédoise, à l'instar des grands Baden d'Allemagne, une buvette (trinkhalle), où l'on boit diverses eaux minérales chauffées par l'électricité.

Baden d'Argovie fut connue des Romains et célèbre dès le Moyen-Age. L'antique petite ville est située dans une étroite vallée du Jura suisse, sur les bords de la Limmat, tributaire du lac de Zurich. Les douze *Grands Bains* sont sur la rive gauche, à dix minutes en aval de Baden. Ce sont les hôtels de l'Ours, de la Fleur, du Bœuf, du Vaisseau, etc., agrémentés presque tous de jardins et de terrasses sur la rivière. L'installation du *Grand Hôtel Baden* (Hinterhof et Staadhof réunis) est la plus vantée. On, descend, par un lift, à l'étage inférieur de l'hôtel, où il y a plus de 100 baignoires, dans des cabines petites, voûtées, privées à dessein d'aération. Dans le dédale des corridors, pleins de vapeurs, on prend de véritables inhalations. Un vaporarium, genre Gastein, a été aménagé au-dessus d'un bassin ; il ressemble à une armoire... Toutes les sources de Baden ont de 46 à 48° et, comme composition, sont analogues à celles de Baden d'Autriche. Un pont couvert sur la Limmat relie les Grands Bains au village d'Ennetbaden, où sont six *Petits Bains*, fréquentés par les petites bourses.

Schinznach, notre dernière étape, est également dans le canton d'Argovie, sur la rive droite de l'Aär. C'est l'ancien *Bain de Habsbourg*, et sur la montagne voisine, se dresse encore le donjon qui fut le berceau de la famille régnante d'Autriche. D'après les analyses, l'eau sulfurée calcique de Schinznach serait la plus riche d'Europe en gaz sulfhydrique, exception faite, sous toutes réserves, de Grand Wardein, en Hongrie. Le débit est considérable et suffit à l'alimentation du *Nouveau bain*, du *Vieux bain*, de 2e classe, tout à fait séparé et de l'hôpital, qui a aussi son installation à part. Au « Neubad », les cabinets de bains sont voûtés, très éclairés et ventilés au besoin . les baignoires sont en faïence et la plupart sont de petites piscines.

Le pavillon de l'*Atmiâtrie*, œuvre de notre distingué confrère de Tymowski, qui exerce à Nice l'hiver, comprend des salles de pulvérisations et douches nasales, des salles d'inhalation humide et sèche, une buvette-promenoir et une salle de gargarismes, presque la seule que nous ayons vue dans notre voyage. Les appareils de pulvérisation et d'inhalation sont français, de chez Mathieu. Schinznach est un vaste sanatorium en pleine campagne, dans un pays délicieusement vert et boisé. Les distractions y sont du genre tranquille et les noms de quelques coins du Parc qui s'étend à une grande distance, méritent d'être relevés : Promenade de la Solitude, Bosquet des Merles, Bout du Monde, Pont du Rendez-vous, Chemin des Philosophes, Sentier des Adieux... Une nombreuse clientèle française et surtout alsacienne a adopté Schinznach comme lieu de cure ou de villégiature. A partir du mois de juillet, il est interdit au personnel d'y parler allemand.

L'accueil qui nous fut fait à Schinznach fut cordial et affable. Partout ailleurs nous fûmes reçus avec courtoisie et la consigne est évidemment donnée d'ouvrir aux médecins étrangers les portes toutes grandes. La saison ne battait pas son plein, suivant l'expression consacrée, et, à cette époque de l'année, nous devions nous y attendre. Il nous fut donc loisible d'examiner à notre aise toutes les installations et de voir, en peu de temps, beaucoup de choses.

A Wiesbaden, la saison dure toute l'année, et déjà au temps du « faites vos jeux », la Banque ne fermait le 31 décembre que pour rouvrir le 1er janvier, à la grande jalousie des autres Kursaals. On ne parle plus maintenant de pontes, mais de « curistes », et ils affluent, dit-on, dès le mois d'avril. Pourtant le théâtre n'avait ouvert que le 16 mai. Le mouvement des arrivages se ralentit aux approches de la canicule et reprend de plus belle en septembre, octobre : la « perle du Taunus » est alors le rendez-vous à la mode, au retour des stations du Rhin et de Bohême... Nous vîmes beaucoup de buveurs à Kochbrunnen, mais le monumental Bad Augusta-Victoria, auquel j'ai payé mon tribut d'éloges, était presque désert... En Allemagne, les renseignements statistiques abondent, et les « listes d'étrangers », établies, comme nous le verrons, à la façon de nos rôles de contributions et pour servir à la perception d'un impôt, ont la valeur d'un document officiel. Wiesbaden reçoit plus de 100,000 visiteurs, mais il ne faudrait pas se laisser hypnotiser par ce gros chiffre et il est légitime de se demander combien de curistes pour de bon ? Je note, à titre de simple indication, que cette grande ville de 68,000 habitants a 125 médecins.

Il doit être difficile aussi de faire le départ de l'élément touriste dans une cité célèbre à autant de titres que l'est Aix-la-Chapelle, où séjournent annuellement 45,000 étrangers.

La statistique d'Ems distingue les baigneurs des passants et donne pour les premiers le chiffre de 10,000, qui est le même chiffre à peu près qu'avant la guerre. Quatorze médecins suffisent à cette belle clientèle, mais nos confrères allemands se plaignent eux aussi des cures absurdes faites, comme ils disent, « suivant le système personnel. »

A Hombourg, depuis la suppression des jeux, le nombre des étrangers est descendu de 20,000 à 10,000. Le vertueux Hombourgeois se console à la pensée que la société est moins mêlée qu'au temps « des sirènes françaises » (sic), et, quoique la Roulette n'aille plus, grâce à ses bienfaits posthumes, tout continue d'aller quand même, au moins en apparence. Deux établissements, dont un seul est convenable : il est certain que le total des bains pris à Hombourg n'est pas en rapport avec l'importance de la clientèle inscrite, même réduite de 50 0/0, et qu'aux joueurs d'antan ont succédé des amoureux de la belle nature.

La progression rapide de Nauheim, qui jamais, il est vrai, ne fut un tripot en renom, fournit un argument spécieux aux écrivains, allemands et autres, qui soutiennent cette thèse moralisatrice que la fermeture des jeux publics fut un bien pour les stations thermales. De 5,000, le nombre des baigneurs s'est élevé à 15,000, dont les 2/3 doivent être des baigneurs sérieux, car il se donne à Nauheim 200,000 bains.

A Bade, on parle de 60,000 curistes, et la ville s'est imposé des dépenses colossales pour devenir une station bien outillée. Après avoir admiré, comme de juste, l'architecture de Friedrich et d'Augusta, si l'on va au fond des choses, on s'aperçoit que les installations balnéaires proprement dites sont grandioses mais en petit nombre et ne semblent pas indiquer le concours de baigneurs que l'on pourrait supposer...

Puisqu'il est question d'anciennes villes de joie, je répare un oubli à propos de Spa, où, par une fiction belge, les jeux, supprimés en 1872, ont ressuscité, il y a huit ans, un Cercle des Etrangers Le nombre des visiteurs tomba de 16,000 à 11,000 après la suppression complète : il n'est remonté, péniblement, qu'à 12,000 depuis le nouvel état de choses, et les recettes de l'Etablissement thermal vont en dégringolant...

La saison était en avance, l'an dernier, à Kissingen, où l'Impératrice d'Autriche faisait une cure, et il y avait peut-être 3,000 buveurs à la séance du matin. On compte plus de 15,000 curistes à Kissingen : la moitié doit se baigner, car il se distribue dans les trois « Badeanstalte » près de 150,000 tickets de bains. La clientèle de Kissingen a plus que doublé depuis la guerre.

En Autriche, le progrès est partout plus sensible encore qu'en Allemagne. Carlsbad a gagné en dix années plus de 50 %, Ischl près de 100 %, Gastein 35 %.

A Carlsbad, la brochure la plus récente éditée par la Municipalité donne le chiffre de 36,000 clients, auxquels il faut ajouter les gens économes qui logent dans le quartier de la Gare, en dehors de la commune.

Une statistique, d'il y a trois ou quatre ans, attribue à Franzensbad environ 8,000 curistes, dont les 4/5 du sexe féminin.

Il passerait 300.000 personnes à Baden d'Autriche, qui n'est qu'à 27 kilomètres de la capitale. Le chiffre exact des baigneurs serait de 20.000, mais le Directeur des Etablissement de la ville a évalué devant nous la recette totale à 180.000 francs, ce qui donnerait par client une moyenne inadmissible.

A Ischl, nous passâmes juste le 1ᵉʳ juin, date de l'ouverture officielle, et la ville d'eaux achevait sa toilette. Elle reçoit plus de 13.000 étrangers et n'a que 10 ou 11 médecins, dont le Directeur, un conseiller aulique.

Plus disproportionné encore est le nombre des médecins à Gastein, (6 en tout), vis-à-vis de celui des Curgæste, qui sont plus de 8.000. En descendant de Wildbad-Gastein pour reprendre le chemin de fer à Lend, nous croisâmes de nombreux arrivants, et la saison s'ouvrait à peine, comme à Ischl.

Ragatz-Pfæfers n'avait guère encore que ses clients de l'Engadine, qui, en descendant des hautes stations grisonnes de Tarasp, de St-Moritz, etc., ou en y remontant, font volontiers sur les bords de la Tamina une cure intermédiaire. La statistique, en Suisse, n'a rien d'officiel et je ne répéterai pas le chiffre fantastique de clients qui me fut donné. Je constate seulement que Ragatz n'a que quatre médecins, dont un spécialiste masseur, le docteur Norstrom (de New-York).

Baden d'Argovie serait la station suisse la plus fréquentée. Il y a neuf médecins et on parle de 15 000 malades.

L'Etablissement de Schinznach, qui peut recevoir 300 personnes à la fois, est plein, nous a-t-on dit, au fort de la saison....

Quoi qu'il en soit des chiffres, qui sont toujours matière à discussion, la prospérité des Villes d'eaux d'outre-Rhin est un fait indéniable, et ce serait manquer à mon devoir de voyageur véridique que de la contester. Pas n'est besoin d'un long séjour de l'autre côté de la frontière pour perdre les illusions dont on nous a si longtemps leurrés, touchant la prétendue misère de l'Allemagne, et le Sedan industriel et commercial, plus terrible que l'autre, est hélas ! un fait accompli. Puisque nous parlons seulement d'eaux thermales, revenons-en à la comparaison banale du thermomètre et ne nous dissimulons pas (à quoi bon ?), que l'instrument enregistre la hausse ailleurs que chez nous...

La vogue des eaux allemandes est due certainement pour une part à l'élément étranger. Nos bons amis les Russes sont nombreux à Nauheim, à Ems et à Wiesbaden. Les Anglais et les Américains, grands *globe-trotters* devant l'Éternel, et qui connaissent les bons coins de la Terre, ont fait de Hombourg un de leurs séjours favoris, peut-être à la suite du Prince de Galles. Ils forment un bon tiers de la clientèle de Hombourg, qui est à moitié étrangère, et ce ne sont pas des hôtes de passage... La proportion d'étrangers est de 1/3 à Ems, d'un sixième seulement à Kissingen...

Il est à remarquer que les Allemands vont comme chez eux en Bohême et sont presque aussi nombreux que les sujets de la Monarchie austro-hongroise à Franzensbad et à Karlsbad. A Karlsbad, station cosmopolite entre toutes, on recense 15,000 Allemands pour près de 16,000 Austro-Hongrois, 4,700 Russes, 2,200 Américains, 1,200 Roumains, 850 Anglais, 450 Français.

On a fait la constatation, qui serait consolante mais n'est pas absolument exacte, que nos compatriotes figurent en quantité quasi-négligeable dans les statistiques : 1 0/0 à Carlsbad, 1/2 0/0 à Kissingen... Mais 3 0/0 à Ems, c'est trop, quand nous possédons en Auvergne un Ems français qui est Royat et en remplit toutes les indications. M. Dremel, le concessionnaire des principaux baden d'Aix-la-Chapelle, reçoit, nous a-t-il dit, beaucoup de Français du Nord...Ragatz, en Suisse, a une clientèle parisienne... Schinznach, station presque française, admettons-le, nous fait une sérieuse concurrence...Je ne parle pas de Spa, dont nos fêtards n'ont jamais désappris le chemin...

De notre visite rapide aux principaux baden d'Allemagne, j'ai rapporté surtout l'impression que la villégiature aux eaux est entrée absolument dans les mœurs d'une nombreuse catégorie de gens aisés, désireux de vacances, de changement de vie, de milieu, de régime. De régime plutôt, je serais porté à le croire et à considérer la cure aux stations, presque toutes purgatives, comme une sorte de carême aquatique, que s'imposent, par hygiène, nos mangeurs de choucroûte et nos vide-choppes intrépides... Les médecins de là-bas ordonnent à leurs clients, avant toutes choses, une diététique plus ou moins sévère. En tout cas, comme lieux de villégiature, les stations offrent l'agrément de leurs casinos somptueux, édifiés par la défunte cagnotte, de leurs orchestres infatigables, et surtout de leurs jardins, de leurs parcs, de leurs ceintures de forêts, dont nous ne pouvions contempler les arbres patriarches sans envie. Un Allemand a écrit qu' « une belle forêt est à la Nature ce qu'une belle chevelure est à la femme. »

La Gymnastique Suédoise, le Massage, l'Hydrothérapie, l'Electrothérapie, etc., sont plus en honneur que chez nous, et il est commode assurément de trouver réunis dans les Instituts d'une même station tous ces moyens de traitement, qui nécessitent des installations dispendieuses. Ils attirent sans doute une partie de la clientèle.

Toutes les stations dont j'ai parlé, (à l'exception de Gastein), sont desservies directement par le chemin de fer,

et quiconque a voyagé en Allemagne a pu se rendre compte
du service irréprochable des trains, du confortable des
voitures, des efforts faits visiblement pour assurer le bien-
être du passager. Je suis convaincu que l'aisance des
déplacements ne contribue pas pour une faible part à
l'affluence des curistes.

Ce qu'ILS n'ont pas, — heureusement! — en Allemagne,
et je m'étonne que personne, à ma connaissance, n'ait
insisté sur ce point capital, c'est la vraie montagne, c'est
l'altitude. Ems est à 80 mètres, à peine 30 mètres plus haut
que Paris ; Wiesbaden à 105 mètres, 30 mètres environ
plus bas que Toulouse. Les autres stations du Taunus et
Aix-la-Chapelle sont à moins de 200 mètres. Kissingen et
Bade ont à peine cette altitude , Spa n a que 250, alors
qu'à Tarbes, vous le savez, nous sommes à 312. Carlsbad et
Franzensbad sont de 350 à 450. Ischl (468) dépasse à peine
en hauteur Argelès. Ragatz (521) est moins élevé que
Bagnères-de-Bigorre, qui est à 550. Le seul Wildbad-Gastein,
en Autriche, a une altitude d'environ 1.000 mètres.

Les Allemands sentent où le bât les blesse et, la montagne ne pouvant venir à Mahomet, construisent des
funiculaires pour permettre à Mahomet d'aller à la montagne. Ils ne manquent pas de raisons, mais taisent la
principale, pour rayer l'altitude des facteurs du climat et
préconiser les hauteurs moyennes. De même, au récent
Congrès de Moscou, ils ont parlé de l' « engouement pour
certaines stations thermales », qui sont nos sulfurées des
Pyrénées et les arsenicales d'Auvergne, avec un dédain
qu'explique leur pauvreté en eaux de ces importantes
classes. Ce qui légitime ce mot d'un de nos Maîtres —
qu' « ils font de la thérapeutique plus intéressée qu'inté-
ressante.... »

Quant à moi, je n'ai pas ici à comparer les eaux allemandes et les nôtres, au point de vue de la nature, de
la richesse et de la variété des sources.... Je suis
même obligé de reconnaître que les Allemands traitent
dans leurs stations, par des moyens différents, à peu près les
mêmes maladies que nous traitons dans les nôtres et que le
mot de Pascal est éternellement justifié : Vérité en deçà,
erreur au delà !...

Sans entrer dans la moindre controverse médicale,
essayons, simplement en curieux, de nous initier aux pra-
tiques des villes d'eaux étrangères...

Les temps sont changés depuis Montaigne qui, par occasion de ses voyages, « avait vu quasi tous les bains de la chrétienté. » Notre vieil auteur raconte que « le bain n'est aucunement reçu en Allemagne ; pour toutes maladies ils se baignent et sont à grenouiller dans l'eau presque d'un soleil à l'autre. » Aujourd'hui la *boisson* est presque partout le principal... La **Trinkhalle** (Buvette) est généralement isolée, sous un hall ou dans un kiosque, entourée de jardins et pourvue de promenoirs couverts, qui permettent au buveur de boire son eau tranquillement par tous les temps. C'est un spectacle original qu'offre, chaque matin, à heure fixe, la foule des hydropotes déambulant à pas compassés, le verre en main, parfois un tube à la bouche, pour éviter l'action sur les dents, aux accords de l'orchestre (Kurcapelle), qui semble jouer un rôle indispensable dans la cure. A Carlsbad, par exemple, c'est le coup d'archet du Kapellemeister qui, à six heures sonnantes, ouvre la séance au Sprudel, et la journée du buveur commence par l'audition d'une hymne de reconnaissance à la Divinité... La règle, sauf peut-être à Franzensbad, est de se promener en buvant ou entre les prises d'eau... Le client de Kissingen doit observer certaines consignes : passer à droite, — ne pas fumer sous la colonnade pendant la cure, — on ne fume pas dans cette allée... J'ai raconté la petite cuisine qu'il fait à « Racoczy » : l'eau chauffée au bain-marie est généralement additionnée d'une « eau amère » artificielle ou de petit-lait... Les mélanges sont usités en maint autre endroit ..

Jadis, (j'avais conservé vaguement le souvenir d'une lecture), notre Henri IV, ayant la velléité de prendre les eaux de Spa, se transportait... à Fontainebleau. De même, en Allemagne, on va maintenant à Wiesbaden, à Hombourg, où l'on veut, pour faire sa cure annuelle d'Ems, de Carlsbad, voire de Vichy... C'est dire le cas que l'on fait là-bas de ce qu'un apologiste pyrénéen de l'Allemagne appelle « nos idées exclusives sur la supériorité de la cure faite au point d'émergence... » Au Bad Augusta-Victoria de Wiesbaden, la buvette est en même temps un buffet : aquatisme et charcuterie ! .. A Baden d'Autriche, à Gastein, à Ragatz, c'est un bar comme on en trouve à Marseille et même à Paris, où l'on déguste, sur le comptoir, toutes sortes d'eaux minérales, nationales et étrangères. Dans la Trinkhalle d'Ischl, on débite force extraits de pin, il y en a même pour le mouchoir. En fait de boissons, les curistes ont à leur disposition du lait de vache, de brebis et de chèvre, — du petit-lait, — des jus d'herbes, de l'eau de deux sources voisines (*Klebelsberg* et *Marie-Louise*), des eaux de toutes provenances... Les divers moyens curatifs sont classés dans cet ordre par le *vade-mecum* qu'on délivre à tout venant et où j'ai cueilli cette perle : « Notons en passant que, sous l'influence d'un climat favorable, les eaux minérales prises à Ischl sont souvent plus efficaces qu'à la source même... »

La Balnéation, en Allemagne, consiste dans les bains plus que dans les douches, alors que chez nous, malheureusement, ceci est en train de tuer cela. La durée de la cure est, il est vrai, de quatre à six semaines, et les seuls Français et Belges, nous disait-on à Aix-la-Chapelle, s'en tiennent au dogme absurde des 21 jours, dont j'ai retrouvé mention dans Hérodote...

Une caractéristique à noter des stations allemandes et surtout des stations helvétiques, c'est que la majeure partie des établissements de bains sont en même temps des hôtels : ainsi à Aachen, — où la hiérarchisation des baigneurs se fait, à la satisfaction de tout le monde, par le choix de l'hôtel d'une des trois classes, — à Gastein, à Ragatz, à Baden d'Argovie, à Wiesbaden et dans les principaux thermes d'Ems. On comprend les grands avantages du Bad-Hôtel pour une importante catégorie de malades, les rhumatisants par exemple, qui peuvent prendre leur bain sans sortir et remonter dans leur chambre par l'ascenseur. L'ascenseur n'existe pas partout, mais les couloirs sont chauffés et permettent la cure d'hiver, — comme à Dax.

Dans les grands baden que je vous ai énumérés, les cabines ont des dimensions étonnantes pour nous. Au rez-de-chaussée du « Frédéric » de Bade, par exemple, j'ai noté 6 mètres de longueur, 3 mètres 1/2 de largeur, 4 mètres 20 de hauteur. Les dix-sept bains thermaux de l' « Augusta-Victoria », à Wiesbaden, séparés en deux départements par le vestibule d'entrée, occupent toute la façade, qui est de 70 mètres. Le mobilier est confortable et même élégant. La garniture de toilette est plus que complète, à mon humble avis, et je me suis demandé ce que devenait le contenu de certains ustensiles de l'usage le plus intime. Les cabines sont munies généralement de poêles et sont en tout cas susceptibles d'être chauffées, ce qui nécessite malheureusement des installations de chaudières inadmissibles dans nos Thermes à nous, la réputation de nos « Césars » devant être aussi immarcessible que celle de... leurs femmes. En mainte station, et non des moins réputées, telles qu'Ems, Kissingen, Gastein, les cabines sont moins luxueuses mais encore spacieuses, éclairées et ventilées. Ce qui n'est pas toujours un avantage ; on pense ainsi à Baden de Suisse, où les cabinets sont de petites étuves.

J'ai loué les déshabilloirs d'Aix la-Chapelle : ce sont les plus beaux que nous ayons vus, (bains princiers à part), et, grâce au chauffage, la température y est convenable.

Les baignoires sont généralement vastes, nulle part aussi commodes qu'à Ragatz · les plaques de faience, dont elles sont recouvertes, se fabriquent, je crois, à Trèves ou aux environs... Les baignoires de Bade sont taillées dans un seul bloc de marbre de Carare.

Dans les baignoires de Ragatz, l'eau circule sans cesse et l'on prend des bains à eau courante. C'est aussi la pratique de Gastein. Dans beaucoup de stations salines, des cabinets sont réservés à ce genre de bain.

Les infirmes atteignent le bain dans leurs chaises à roulettes, à Aix-la-Chapelle, au moyen d'un plan incliné...: A Ragatz, on nous montra un fauteuil, manœuvré par une poulie, qui me rappela celui dont on se sert à bord des paquebots pour débarquer les passagers pusillanimes... Les escaliers qui montent ou qui descendent aux baignoires, plus ou moins encastrées dans le sol, sont toujours munis d'appuie-mains.

La plupart des eaux sont froides et doivent être chauffées à la vapeur : tantôt la vapeur est projetée directement, tantôt elle circule dans des serpentins sur les côtés ou entre les lames du double-fond.

Dans les stations d'Autriche et à Bade, le linge est chauffé, toujours par la vapeur, dans d'élégants réceptacles en cuivre, enfoncés dans le parquet à côté de la baignoire. A Ragatz, le chauffage du linge se fait électriquement.

Selon le mode de chauffage du bain et la perte en acide carbonique, le bain est « effervescent » ou « thermal » à Nauheim, comme je l'ai dit, « minéral » ou « d'acier » à Franzensbad. A Kissingen et à Nauheim, le bain, qui a tout à fait perdu son gaz, s'appelle « bain de chûte ». A Bade, à Carlsbad, le bain « d'acier » (Stahlbad) est le plus ferrugineux et cela se conçoit mieux. Il faut distinguer encore le *Wannenbad*, bain tranquille, et le *Wellenbad*, ou Wildbad, nommé aussi Strahlbad à Kissingen, bain agité, qui a la prétention de remplacer le bain de mer : une combinaison de tuyauterie produit la lame, et le fond est semé de sable destiné à parachever le fac-simile. Les modèles du genre sont à Baden-Baden... La nomenclature des bains se complète par les bains avec addition de Soole, (eau salée concentrée par l'ébullition), d'eaux-mères variées, d'extrait de bourgeons de pin silvestre, spécialité de Hombourg, d'Ischl et d'ailleurs... A Hombourg, on ajoute aussi aux bains un sel rougeâtre, ferrugineux, qui provient de la source Elisabeth. A Ischl on les additionne de fer, d'iode, d'un limon sulfureux extrait des mines voisines, etc.. Les bains deviennent ainsi des « bains médicinaux » qui semblent jouer un grand rôle dans la cure allemande, comme d'ailleurs les bains d'eau ordinaire...

A l'époque où les Tudesques « grenouillaient » dans l'eau des heures entières, le bain se prenait en commun, comme il ne se prend plus guère qu'à Baden d'Autriche et dans l'établissement des « Trois Confédérés », à Baden d'Argovie. Dans cette dernière station, on a presque perdu le souvenir de la coutume ancienne dont parle Montaigne et qui consistait à « se faire tous corneter et ventouser avecques scarifications », de sorte que l'eau du bain en était toute rougie. Dès le XIVe siecle, l'office seigneurial de ventouseur était régulièrement affermé, chaque année, par les ducs d'Autriche, seigneurs de Baden. Ce que l'on appelle à Bade (Grand-Duché) les « bains de société » est l'ensemble des petites piscines, bains de vapeurs et salons de repos, dont j'ai parlé et sur lesquels je vais revenir.

En dehors des bains au sens propre du mot, on prend aussi en Allemagne des **bains de gaz carbonique**, à Kissingen, Franzensbad, Hombourg, etc.

Les **Bains de vapeurs** sont superbes, notamment au « Friedrich » de Baden-Baden, où tous les genres se trouvent réunis. Dans les bains d'air chaud (romains-irlandais ou turcs), la température, obtenue au moyen de calorifères, est de 50 et même 80°. Les sujets sont assis sur des chaises cannées et peuvent boire à des fontaines chaudes et froides. En communication avec cette étuve sèche (*Calidarium* des Anciens), les piscines et la salle d'hydrothérapie fournissent les bains d'eau chaude et d'eau froide (*calidæ lavationes et frigidariæ*) et la salle sous la coupole, où règne une chaleur humide d'environ 30°, sert de *tepidarium*. Le bain de vapeurs humides consiste en deux pièces de température différente, séparées par un large vitrage. La vapeur naturelle se dégage de l'eau thermale, qui tombe en cascatelles, du haut de gradins cimentés. Le sol, en mosaïque, est chauffé par un courant d'eau thermale. Les deux pièces sont pourvues d'estrades en bois sur lesquelles se tiennent six à huit personnes. Le voisinage des piscines et douches froides fait de ce bain de vapeurs, dont la température peut être portée jusqu'à 60°, un bain Russe. Au deuxième étage sont, les bains de vapeurs pour personne seule, les uns princiers, les autres de deuxième classe, et les bains de vapeurs en caisse, généraux et locaux. Inutile de décrire les installations des autres villes d'eaux, et je me contente de constater que partout ce traitement est en faveur.

Moins pourtant que le **bain de boue** (*Moorbad*), dont
j'ai dit que le principal lieu d'application est Franzensbad :
c'est la boue de Franzensbad dont on use à Carlsbad. Les
cabines à moorbad ont deux baignoires, dont l'une en bois,
généralement amenée sur rails, contient la boue. Chaque
ville d'eaux vante la sienne. Spa utilise la tourbe de ses
fagnes, (on est tenté de franciser et de dire fanges), qui
forment sur les confins de la Prusse Rhénane, un vaste
terrain inculte où les secheresses de l'été produisent d'étranges
phénomènes de combustion plus ou moins spontanée,
qui ont nécessité, il n'y a pas très longtemps, l'intervention
de la garnison de Liège. Le Moor de Hombourg est fourni
par les montagnes du Rhoen et est riche en fer et substances
organiques. A Franzensbad, on admet que pour qu'un bain
de boue fasse son effet, il faut qu'il soit préparé avec de
l'eau provenant du même terrain. Apres le bain, dans la
station de Bohême, la bourbe est chaque fois emportée dans
la baignoire même, enfouie, et ne peut pas être utilisée de
nouveau. On peut faire un usage local des boues, sous forme
de cataplasmes, de bains de pieds, de bains de bras, etc..

Sans parler des petites piscines, annexes des salles
d'hydrothérapie, telles que les piscines-plongeon de Spa,
les **piscines** des « Bains de Société » à Bade ont l'avantage
de leur groupement, qui rend facile le changement rapide
de bain, dont chacun a une température différente. Les
grandioses piscines en plein air de Baden, près Vienne,
quoique alimentées par une eau minérale, sont destinées
aux gens biens portants, et il en est de même du bassin à
nager du Ragatz, dont j'ai dit les presque aussi vastes
proportions. Quant aux deux « Schwimmbæder » de Wiesbaden, c'est le souci de la simple hygiène populaire qui les
a fait créer, et on y prend des bains de propreté, après
certains lavages préalables obligatoires.

La question des **tarifs** des bains vous intéressera peut-
être. A Ems, les prix ordinaires varient de 1 mark 50 à
2 marks (1 fr. 90 à 2 fr. 50). Le bain se paie 1 franc seulement à la « Maison de Pierre », à cause de la situation peu
agréable des cabinets dans un sous-sol, mais, en revanche,
on paie 3 marks (3 fr. 75) au premier étage du Kurhaus.
Dans la matinée, avant 8 heures, et dans l'après-midi, après
1 heure, (heures sacrifiees, à cause du repas principal
uniformément pris à 1 heure), on peut avoir des bains à 1
mark aux « Quatre-Tours » et au « Nouveau Badehaus ».
Un bain salé à Kissingen coûte de 2 fr. 50 à 3 fr. 25, et
1 fr. 50 aux mauvaises heures. A Spa, le prix d'un cabinet
avec salon est 4 fr. 25, sans salon 2 fr. 40. Dans le splendide

« Frédéric » de Baden-Baden on paie moins cher : 1 mark 20 (1 fr. 50) les bains « tranquilles » mais 3 fr. 75 le bain en lames, dans la cabine séparée. En Autriche, un bain thermal ou un bain d'eau douce est tarifé 1 florin à Franzensbad (2 fr. 10). Le bain salon de Carlsbad coûte 8 florins (16 francs 80) A Kissingen. en Bavière, les bains « Nobles » sont de 5 marks (6 fr. 25).

Un bain de boue à Carslbad vaut, selon le luxe, de 2 à 3 florins (4 fr. 20 à 6 fr. 30) et à Kissingen 3 marks 50 (4 fr. 25). Même prix à Kissingen pour le bain de vapeurs, tandis que les bains « de Société » à Bade coûtent seulement 2 marks (2 fr.50).

Bade est, en somme, un exemple isolé de grand luxe avec bon marché relatif, et partout ailleurs, même à Ems, les prix sont supérieurs aux nôtres...

Les Douches, je l'ai dit, sont certainement moins en faveur que les bains en Allemagne, et s'il s'agissait de donner mon sentiment là-dessus, je suis de ceux qui salueraient avec joie la réimportation chez nous de la pratique ancienne... Les baignoires sont presque toutes munies de petites douches en pluie, dont le rôle semble sans importance. Les salles d'hydrothérapie, notamment dans les grandioses baden que nous venons de visiter, sont consacrés à l'hydrothérapie simple et nullement à la douche minérale. A Wiesbaden, à Bade, à Ischl, à Baden près Vienne, etc., on fait le traitement par l'eau froide dans des « Instituts » particuliers. Constatons avec plaisir que dans le pays de Priessnitz — et de l'abbé Kneipp — l'outillage hydrothérapique est, d'une façon générale, inférieur au nôtre : nous n'avons à envier que l'élégance des installations, dont le Pavillon de Ragatz est, à mon avis, le modèle...

A Aix-la-Chapelle, par exception, on prend beaucoup de douches, et le massage sous la douche est, comme à Aix en Savoie, la spécialité de la station. Nous nous enquîmes des « frotteurs » d'Aix-la-Chapelle, cités souvent dans les ouvrages d'hydrologie, et nous apprîmes qu'ils sont simplement préposés à un genre de frictions, dont le nom en dit long sur la nature de la clientèle de l'ex-cité impériale. Ces frotteurs-là n'ont rien de commun avec nos « frétayrés » du temps jadis, du temps des « eaux engrosseuses », auxquels le bon poète Auger Gaillard, « lou Roudié » de Rabastens d'Albigeois, consacra, au seizième siècle, une piquante satire, retrouvée par feu Bascle de Lagrèze...

Le **Massage** est très recommandé en Allemagne, à peu
près dans toutes les villes d'eaux, et c'est l'accompagne-
ment presque obligatoire des bains de vapeurs et des bains
de boues. Les *Frottieren* et la *Ruhesaal* (salle de repos), attenant aux étuves de Baden-Baden sont de toute beauté, et on
peut en dire autant de Carlsbad et surtout de Wiesbaden,
où les cabines de bain thermal ont chacune, comme
dépendance, une véritable chambre à coucher, et où, sous
le hall du bassin de natation, existent deux immenses
« Ruheræume » garnies chacune d'une vingtaine de lits.
Dans les baden, les « salles de repos » communiquent
également avec l'Hydrothérapie et rendent la combinaison
de la douche et du massage très facile... On se fait beaucoup
masser à' Gastein et à Ragatz. A Ischl, il y a à la « Trinkhalle » un pavillon spécial de massage, qui n'était pas
encore ouvert.

Le mot **Inhalation** se prend dans beaucoup d'acceptions
en Allemagne. C'est de l'inhalation qu'on fait dans les
Maisons de Graduation, où l'on va respirer l'air salin : on
inhale de l'air plus ou moins sulfureux et surazoté dans les
couloirs des bains de Baden d'Argovie. Au Kayserbad
d'Aix-la-Chapelle, des tuyaux conduisent au premier étage
les gaz qui s'échappent de la source et c'est encore de
l'inhalation naturelle. Ailleurs, c'est de la vapeur forcée
que l'on inhale et les appareils que nous avons vus
fonctionner, reposent presque tous sur l'emploi de l'air
comprimé. L'*einzel-inhalation* d'Ems (inhalation séparée)
s'appelle en France la pulvérisation. Les appareils, qui sont
au nombre de 80 à 90, dans quatre à cinq Etablissements,
sont les uns du système Lewin et les autres du système
Schnitzler : ce sont ces derniers qui permettent, outre
l'emploi de l'eau pulvérisée, celui des liquides médicamen-
teux, solutions de menthol, d'essence de conifères, etc. Il y
a des embouts pour la bouche et pour le nez, et la
pulvérisation nasale semble remplacer avec avantage
l'irrigation, à laquelle nos spécialistes font depuis quelque
temps la guerre... J'ai parlé de la salle d'inhalation (dans le
sens ordinaire du mot), à l'Institut Quehl . elle est pour 80
personnes et fonctionne d'après le système Wasmuth, qui
pulvérise les médicaments aussi finement que possible...
Dans une des salles de l'Inhalatorium de l'Augusta-Victoria
(à Wiesbaden), deux appareils pendus au plafond et qui ont
trois becs pulvérisateurs chacun, remplissent vite le local
de vapeurs pénétrantes... C'est la même inhalation humide
que l'on donne à Schinznach, où deux appareils Mathieu
réduisent l'eau sulfureuse en poussière et où les sujets
respirent dans une atmosphère chargée de gaz sulfhydri-

que... A côté est la salle d'Inhalation sèche, où l'on peut séjourner sans être aucunement mouillé, mais je ne suis pas bien fixé sur ce que vaut cette inhalation purement gazeuse... Le Pavillon de l'Atmiâtrie (à Schinznach), — étymologiquement . cure par les vapeurs, — comprend aussi des pulvérisateurs Mathieu, qui fonctionnent un peu partout en France, et la salle de gargarismes que j'ai signalée comme la presque unique de son genre par-delà la frontière. Il est à noter que le gargarisme, si usité chez nous, est regardé, en Allemagne, comme un traitement souvent néfaste...

Les traitements par l'air comprimé etc., se rattachent à l'inhalation, d'autant plus que l'air comprimé peut être chargé de vapeurs médicamenteuses. Dans l'Institut de M. Quehl à Ems, que j'ai souvent cité déjà, fonctionnent 10 appareils Dupont-Mathieu pour inspiration dans l'air comprimé, expiration dans l'air raréfié, des appareils d'un autre système (Waldenbourg), un appareil du Professeur Rosbach pour la gymnastique pulmonaire, des appareils d'inhalation d'oxygène sous pression ' sans parler des inhalations de « Natrium borosum » et de « Lignosulfite », les prétendus spécifiques de la Phtisie, etc... A Ems aussi, à l'hôtel Ritzmann, il y a trois cloches pneumatiques bien organisées, où trois personnes ensemble peuvent se placer, et à l'Institut Gœbel un double appareil pneumatique pour 25 personnes à la fois... Je parle seulement d'Ems qui est la station-type pour l'inhalation et la Pneumothérapie. La séance de deux heures dans les cloches coûte trois marks (3 fr. 75). Une inhalation par jour chez M. Quehl coûte un mark (1 fr. 25), on paie un mark cinquante (1 fr. 85) pour les séances biquotidiennes, et plus de mille personnes suivraient, paraît-il, le traitement chaque année.

L'Electrothérapie, sous toutes ses formes, est en grande vogue et de nombreux médecins pratiquent cette spécialité. Dans presque tous les Etablissements, existent des baignoires pour bains hydro-électriques, où des diaphragmes permettent de localiser le courant...

Les Grands baden et Ragatz possèdent des installations complètes de **Gymnastique Suédoise** selon le système Zander et la soixantaine d'appareils qui se répartissent en plusieurs classes : appareils pour les mouvements actifs, mis en œuvre par la force musculaire des bras, des jambes et du torse ; appareils pour les mouvements passifs, actionnés par un moteur électrique, produisant les mouvements du corps sans la coopération des muscles, en vue de les étendre ou de les déraidir ; — appareils pour les exercices mécaniques, produisant des mouvements saccadés de diverse nature, (cheval, vélocipède et autres), selon les cas à traiter ; — appareils orthopédiques pour extension des muscles, redressement de la colonne dorsale. D'autres appareils — de mensuration — permettent d'avoir le graphique des résultats obtenus.

À Nauheim, les frères Scott ont institué naguère un traitement des maladies du cœur par la gymnastique *de résistance* combinée avec les bains d'eau salée effervescente : le malade fait des mouvements simples, pour lesquels il est obligé de surmonter la résistance opposée par un aide, gymnaste ou quelconque.

Nauheim, également, est une des stations où se fait la **Terrainkur**, cure de terrain, qu'il serait si facile d'introduire chez nous. C'est la méthode d'Œrtel. Le célèbre professeur bavarois, mort l'an dernier, était un grand buveur de bière et souffrait, depuis sa jeunesse, d'insuffisance cardiaque. Il expérimenta sur lui-même sa méthode qui consiste en : abstinence de boissons et affermissement du cœur par des exercices physiques, en particulier la marche sur plan incliné. Le terraincuriste doit s'habituer progressivement à gravir des rampes de plus en plus raides. À cet effet, les sentiers des alentours de certaines villes d'eaux allemandes sont soigneusement repérés et répartis en plusieurs zônes d'après la pente : des disques indicateurs, des poteaux de couleurs variées indiquent au sectateur de la méthode l'inclinaison du chemin où il va s'engager ; une carte itinéraire reproduit les mêmes indications et les mêmes couleurs. À Baden d'Autriche, par exemple. les sentiers sont divisés en trois catégories : plats, de pente moyenne et raides, représentées par les couleurs rouge, bleue, verte. Il est admis que le marcheur doit faire en un quart d'heure, selon la zône, 900, 770 et 550 mètres ; les signaux indiquent les distances calculées d'après l'unité de temps. Partout, à Ischl, à Nauheim, etc., tout se réduit à ces cartes et à ces poteaux, et nous pourrons aisément faire mieux.

Je n'en ai pas fini avec les cures accessoires. et il me faut mentionner la **cure de petit-lait**, dont on a singulièrement exagéré la portée. À Kissingen, on emploie l' « Alpen

Milch » à la dose de 1/4 de verre, 1/2 verre, pour atténuer les effets irritants de l'eau. A Bade, à Ems et ailleurs on le débite dans les laiteries Suisses, ainsi que le Képhir ou lait fermenté. A Ischl où se fait la plus grande consommation de petit-lait, on en prend deux ou trois petits gobelets, pas davantage ; 3 ou 400 gobelets suffisent à la clientèle. On m'a presque ri au nez quand j'ai voulu m'informer des cures de la Phtisie par les bains de petit lait dont parlent les auteurs français les plus considérables... Réflexion faite, on me renseigna seulement sur le prix : 5 florins (10 fr. 50), qui ne figure pas au tarif.

La **Traubenkur**, cure de raisin, est l'attraction de Wiesbaden à l'automne. C'est sous la « Vieille Kolonnade », devant le Kursaal, qu'a lieu, contrôlée officiellement, la vente des raisins du Rhin, du Tyrol (Méran), d'Italie, et de la vendange pressée. La cure de raisin est aussi pratiquée à Baden d'Autriche, où les curistes mangent de 1/2 à 4 kilos, en quatre rations : 5 heures, 9 heures, 11 heures du matin, et soir. On a planté des vignes à Nauheim, mais jusqu'à présent la clientèle a paru ne pas s'en apercevoir.

J'arrive enfin aux fameuses **Tables de régime**, sur lesquelles des voyageurs en chambre ont écrit pas mal d'inexactitudes. Je commence par avouer ne pas avoir su en découvrir une seule, à moins qu'il ne faille prendre au sérieux la rivalité perpétuelle des « Riz » et des « Pruneaux », dont Daudet a tracé le joyeux tableau dans son « Tartarin » : ceux-ci reconnaissables à leur face congestionnée, ceux-là à leur pâleur défaite... Dans les « Restaurations » où nous avons pris nos repas, à Carlsbad précisément, le service était fait à la carte et la carte était interminable : il était facile à un malade, fût-il végétarien ou diabétique, de combiner un menu, où pouvaient même figurer quelques friandises à la saccharine... A Kissingen, un tableau a été dressé par les Médecins de la Station des mets permis et des mets défendus : parmi ces derniers, je cite le porc et l'oie, presque tous les poissons, les choux, les pommes de terre, sauf en purée, les fruits qui ne doivent être consommés qu'en compotes, — ces fameuses compotes allemandes dont la reconnaissance de l'estomac m'empêcherait de médire. Notre Bourgogne est proscrit comme « vin fort », mais leur « Saalwein » , qui est le vin de la Saale, est autorisé... Possible que le « Régime » soit là-bas une vérité, grâce tout simplement au service à la carte ; mais chaque pays a ses mœurs, et je crains que les imitateurs de l'Allemagne n'aient de la peine à acclimater chez nous ce qu'ils appellent, d'ailleurs à tort, les tables de régime.

L'Etude de l'organisation des villes d'eaux étrangères va être, sans doute, instructive à quelques égards...

Dans la plupart des stations, c'est le Bourgmestre qui a la haute main sur les Etablissements, ainsi à Aachen, à Hombourg et à Bade, — à Carlsbad, à Ischl et à Baden d'Autriche. Le premier magistrat de la cité préside de droit la *Curcommission*, et il y a un fonctionnaire municipal à la tête des bains, qui est le *Curdirector*. A Nauheim, il y a un *Bad-Commissaire* grand-ducal. A Ems, les baden de l'Etat sont administrés par un bad-commissaire royal, au nom du Préfet prussien de la Basse-Lahn... La ville d'Aix-la-Chapelle afferme ses hôtels-bains, nous l'avons vu. Kissingen a ses établissements royaux aliénés depuis 1875, jusqu'en 1900... En Suisse, les établissements de Ragatz sont concédés, pour une période de cent ans, à partir de 1868, aux héritiers de l'architecte Simon. Schinznach aussi est exploité par une Compagnie...

La Curcommission assume la multiple tâche de veiller à la salubrité de la ville et à l'entretien des thermes et des promenades et de présider aux distractions. Parfois, comme à Aachen, plusieurs comités se partagent la besogne. Dans cette ville fonctionne encore un *Curverein* libre, analogue à nos sociétés des fêtes. A Hombourg existe une « Société pour l'embellissement », qui a travaillé aux promenades et une « Société du Taunus », qui étend ses ramifications aux autres villes d'eaux, constituées en une sorte de syndicat régional. A Bade, le « Club International » n'a pas peu contribué à la métamorphose de la ville, après que la suppression des jeux eut fait disparaître sa principale attraction. A Hombourg, à Baden d'Autriche, etc., les médecins, réunis en Société, ont, comme il convient, voix au chapitre...

On se préoccupe beaucoup outre-Rhin, et avec raison, de la salubrité urbaine et, à l'envi, toutes les stations se décernent la palme. Kissingen se prévaut de son air fortement ozonisé, et Pettenkofer (une autorité !) a déclaré ses conditions sanitaires parfaites... Spa, d'après le bureau d'hygiène de Bruxelles, serait le lieu de l'Europe où l'on meurt le moins. L'eau potable d'Aix-la-Chapelle est classée

la troisième de l'Allemagne. A Ems, la filtration naturelle
de l'eau de la Lahn est, dit-on, irréprochable. Wiesbaden
dépense des sommes fantastiques pour ses égoûts et a la
prétention d'être la ville modèle ; les intéressés invoquent
l'absence de manufactures, dont les cheminées souillent
ailleurs l'atmosphère Jusqu'à Hombourg, un peu malmené
naguère par un Professeur de Paris, toutes les villes vantent
leur eau potable et la propreté de leurs rues... En vérité,
presque partout, on constate la propreté extérieure, et,
comme tout le monde, j'ai admiré les canalisations de la
Tepl, à Carlsbad, de l'Oos à Baden-Baden. Sur la question
des égoûts il y aurait beaucoup à dire, et, si le « tout à
l'égoût est le dernier mot de l'hygiène urbaine, je peux
affirmer, à l'encontre de ce qui a été publié en France, que
ce système est loin d'être la règle générale en Allemagne...
On ne nous montra nulle part d'étuves à désinfection, et nos
voisins. si portés à jeter le discrédit sur nos stations d'hiver
méridionales. empoisonnées d'après eux par leur clientèle
de malades, ne semblent pas se préoccuper des dangers de
l'agglomération dans ce qu'ils appellent pompeusement
leurs centres sanitaires, ni des risques toujours possibles
d'une épidémie quelconque : à Ems seulement, une « Maison des Diaconesses » a été aménagée en lazaret, dans
cette prévision...

... J'ouvre une parenthèse pour faire remarquer que le
fameux sanatorium de **Falkenstein**, où quelques Français
vont s'enfermer, cédant à notre inexplicable engouement
pour tout ce qui porte un nom exotique, n'est pas un
sanatorium d'altitude, puisqu'il n'est qu'à 400 mètres...
Nous visitâmes cet établissement lors de notre passage à
Francfort, et je me demandais, après tant d'autres, pourquoi le traitement de Detweiler ou celui de Brehmer,
dont les éléments sont la vie au grand air, la riche
alimentation, la discipline hygiénique, (même la toux est
disciplinée là-bas !), l'hydrothérapie, etc, serait l'œuvre
exclusive de quelques médecins et le privilège d'un pays
si mal doué de la nature, en regard de notre Midi en-
soleillé...

Pour en revenir aux stations thermales, je conviens
qu'elles savent mieux que les nôtres prendre un air de fête
pour recevoir l'étranger. Dès les premiers pas faits dans la
ville, on sent que l'on entre dans un lieu d'agrément et de
détente physique et morale... Sans parler des hôtels, tous
montés avec un confort qui ne laisse rien à désirer, logis
et logeurs ont l'abord hospitalier, quelque peu écossaise

que soit l'hospitalité... Dans les stations de Bohême, un règlement édicté par le Président du gouvernement impérial-royal prévoit toutes les contestations entre locataire et propriétaire et stipule notamment que si le locataire est lésé dans son droit d'habitant, s'il est prouvé par exemple que le logement est sale ou insalubre, le contrat sera rompu (article 12). L'article 15 dit que tout baigneur a le droit de prendre ses bains *et ses repas* où il voudra et que toute restriction qui serait imposée comme condition de bail est de nul effet... C'est en vertu de cet article 15, que l'hôte de Carlsbad passe, dit-on, la majeure partie de ses journées en plein air, à la campagne, — quand cette campagne-là n'est pas la terrasse de quelque café restaurant de la « Vieille-Prairie, » dont le nom seul est champêtre...

Vivre du matin au soir dans la forêt, loin du Kursaal et des distractions mondaines, faire quotidiennement aux environs des excursions que des poteaux indicateurs, placés avec profusion, rendent faciles : tel est le programme tracé aux Curgæste, et pas seulement à Carlsbad, qui se vante d'avoir vingt kilomètres de promenades sablées, ombragées et munies de bancs.

Les gens d'Ems, qui se défendent comme ils peuvent contre la réputation de chaleur excessive (l'été) qu'a leur station, sont heureux maintenant d'avoir leur funiculaire du Marlberg. Il donne accès à un plateau boisé, mais dépourvu d'eau, de 350 mètres environ d'altitude, qui s'étend à plusieurs lieues de distance, vers le Rhin : on y a installé un restaurant, des huttes à la façon de Falkenstein, des jeux divers. La montée se fait en six minutes et il y a des rampes de 50 0/0 : les rails ont une longueur de près de 550 mètres... A Wiesbaden, un funiculaire relie aussi Nérothal au Néroberg, et ce n'est pas le moindre avantage offert aux hôtes de cette grande ville... Depuis 1892, un funiculaire existe également à Ragatz, qui permet aux non-marcheurs l'excursion charmante de Wartenstein...

A Hombourg, on n'a pas plus de 15 kilomètres à faire (rien que cela) pour arriver au pied du Mont-Blanc (Feldberg) ainsi nommé, non pas, comme vous pourriez le croire, en l'honneur du bienfaiteur de la station, mais parce qu'il est le point le plus élevé du Taunus et que la neige lui donne toujours ses prémices.

Malgré funiculaires et chemins sablés, malgré l'attrait d'excursions si commodes, n'allez pas croire que les curistes suivent à la lettre les conseils de leurs médecins. N'atta-

chons pas trop d'importance aux oui-dire. Les Kursaals,
avec leurs magnifiques salons, où Herr Doctor et Frau
Professor se pavanent aujourd'hui dans l'antre du vice
purifié par leur présence, — les Kolonnades grandioses et
si agréables, — les Kurgartens si délicieusement ombreux
et fleuris continuent à être partout les vrais centres de la
vie thermale. La plupart des baigneurs sont venus chercher
plutôt la douce flânerie dans les allées du Parc et se con-
tentent même de la « promenade assise », devant une table
de café, aux sons de l'orchestre...

La musique joue incontestablement le premier grand
rôle parmi les distractions, et la moindre ville d'eaux a ses
deux et trois concerts par jour. L'existence ou la proximité
de garnisons dans beaucoup d'endroits, permet de donner
des doubles-concerts, civil et militaire, que nous avons
vus durer quatre heures et plus, sans la moindre interrup-
tion, à Wiesbaden et à Nauheim. La Kurcapelle est
excellente, de l'avis des amateurs, à Aix-la-Chapelle, à
Wiesbaden, à Carlsbad, à Baden-Baden... Dans quelques
stations, nous avons pensé à ce que l'on raconte de Baden
d'Argovie, où l'orchestre mit en fuite, jadis, la gent
trotte-menu ..

Les concerts vocaux se succèdent pour le grand régal des
mélomanes. Les bals complètent le programme. Des
représentations théâtrales je ne peux rien dire, mais ce n'est
pas sans surprise que je l'ai appris, dans une ville de
l'importance d'Ems, le théâtre fait relâche trois ou quatre
fois par semaine.

A Wiesbaden, à Hombourg, les fêtes suivent les fêtes,
avec illuminations, fontaines lumineuses et, bien entendu,
concerts doubles.

A Ems, à Ischl, à Schinznach etc., la rivière offre aux
bien portants les plaisirs de la pleine eau et du canotage.
Le parc de Hombourg renferme des emplacements
magnifiques pour le golf, le tennis etc. Presque partout on
trouve des vélodromes.

Une distraction pas banale, offerte, deux fois par semaine,
à la clientèle de Gastein est l'illumination par l'électricité
des belles cascades de l'Ache, qui ont 63 et 85 metres...

D'où vient l'argent ? est la question que vous vous posez
sans doute et à laquelle je vais répondre... On est confondu
vraiment quand on apprend que Carlsbad, par exemple, a

tin budget de recettes de deux millions et demi de francs,
chiffre formidable pour une ville de 12.000 habitants...
Les bains rapportent 400.000 francs, l'expédition des eaux
et des sels davantage (5 à 600.000) . le reste est fourni en
majorité par la *Kurtaxe*, qui est probablement une nou-
veauté pour vous...

Mais un mot d'abord de l'exportation. Carlsbad, comme
notre Vichy, exporte beaucoup ses eaux et les produits de
ses sources. L'exportation fournit des bénéfices importants
à presque toutes les autres stations à buvettes . Ems,
Hombourg, Kissingen, Franzensbad. Une petite source
sulfureuse du Nassau, *Weilbach*, froide et salée en même
temps que sulfureuse, s'exportait déjà au temps de Fontan
en quantité supérieure à celle de toutes nos sulfurées
pyrénéennes ensemble, et je ne crois pas que la situation
ait changé depuis lors...

La **Kurtaxe** ou taxe de cure est inconnue en France, où
depuis belle lurette les droits de séjour et de passage sont
abolis... C'est en réalité une taxe de séjour, que paie
obligatoirement tout étranger, (je ne dis pas tout curiste),
qui passe ici cinq, là sept jours, et moyennant le paiement
de laquelle, il a droit, pendant toute la saison ou pendant
un nombre déterminé de semaines, six en général, à l'usage
et à la jouissance non seulement des buvettes mais des
salons du Casino, des cabinets de lecture, des jardins, des
fêtes, des réunions, des bals, des concerts ordinaires et
extraordinaires.... Pas vexatoire au fond cet impôt qui ne
s'applique guère qu'à des gens venus pour leur plaisir ou
le soin de leur santé. Fort ingénieux, fort original et fort
productif, j'en conviens, mais quand on parle, (et on en
parle beaucoup), d'instituer cette nouvelle contribution en
France, on oublie seulement qu'en Allemagne, elle a une
contre-partie....

A Ems, une personne paie, après cinq jours, quinze
marks (18 fr. 75) : 21 marks deux personnes, chaque
membre de la famille en plus, 6 marks. Le tarif est à peu
près le même à Wiesbaden pour la saison de six semaines,
double pour l'année entière... A Aix-la-Chapelle on ne
perçoit la taxe, qui est de douze marks, (15 francs) que
depuis peu d'années, sans enthousiasme apparent : on
rend une partie de l'argent, nous a-t-on assuré, aux
Français qui partent avant l'expiration de la saison.
A Hombourg, les prix sont un peu supérieurs : 20 francs
pour une personne, 32 fr. 50 pour deux, 42 fr. 50 pour

trois, 50 francs pour quatre, etc... Les domestiques et les enfançons ne paient généralement pas en Allemagne : A Hombourg ils sont taxés à trois marks et n'ont entrée qu'au Kurgarten.

L'impôt est progressif à Kissingen, où l'on distingue trois classes : gens de qualité, gens aisés et *les autres*. Les chefs de famille déboursent 30, 20 et 10 marks, les enfants au-dessus de quinze ans : 10, 6 et 3 marks, les enfants en bas âge et les domestiques : 10, 3 et 2 1/2. La vanité aidant, personne ne veut être recensé parmi « les autres ».

La hiérarchisation se retrouve en Autriche. Quatre classes à Carlsbad, la troisième renfermant « les autres », la quatrième les enfants et les domestiques. Les prix sont de 10 florins, 6, 4, 1, c'est-à-dire un peu plus de 20, 12, 8 et 2 francs. Mais la taxe de musique se paie à part et est répartie par familles. variable selon le nombre des personnes : on paie de 5 à 17 florins pour la première classe, de 3 à 8 pour les gens aisés, de 2 à 6 pour le *vulgum pecus*.

A Ischl la taxe personnelle est de cinq florins (10 fr. 50) : la femme paie trois, chaque enfant un, chaque domestique un demi-florin, (sans compter la musique).

A Gastein. où la Kurtaxe comporte cinq classes, on perçoit une troisième taxe, celle des pauvres.

Partout, je crois, des conditions particulières sont faites aux indigènes. Les médecins, même étrangers, sont exempts de la kurtaxe, mais à Gastein et à Carlsbad ils paient la taxe de musique. On accorde d'autres dispenses aux officiers subalternes, aux sous-officiers, aux veuves de militaires, etc . .

Bade et les stations du Taunus ont une autre ressource financière, les intérêts du **Kurfonds**, et ce mot demande encore une explication. Quand en 1866, la suppression de la roulette fut décrétée, après l'annexion à la Prusse du duché de Nassau et du Landgraviat de Hesse-Hombourg, les fermiers des jeux eurent la faculté d'exploiter encore pendant six ans les divers jeux de hasard, moyennant certaines conditions onéreuses. Une part importante des bénéfices revenait aux villes, et ainsi fut constitué le Kurfonds, dont la moitié fut attribuée à Wiesbaden, un quart à Ems, un quart à Hombourg, qui eut pour sa part, si je ne me trompe, trois millions. Les tenanciers des Kursaals durent faire, en même temps, abandon des terrains à eux concédés et de toutes les constructions édifiées dessus.

En possession, de par le jeu, de palais magnifiques, rentées par le Prince Rouge et Noir, il sied vraiment aux stations du Taunus de se draper aujourd'hui dans leur dignité et de prendre des mines austères quand on parle du temps des abominations, « du temps des Français » pour tout dire... On songe, en haussant les épaules, aux pécheresses converties sur le tard, après liquidation avantageuse d'un passé plein d'orages, à ces « honnestes dames » dont la « respectability » croit défier la critique, étayée qu'elle est sur une pyramide d'écus, qui, en France, hélas ! pas plus qu'en Allemagne, — n'ont d'odeur !

Si j'aimais à cultiver le paradoxe, je vous développerais, en manière de conclusion, ce point de vue que la fortune des villes d'eaux allemandes, dont j'ai essayé de vous donner un aperçu exact, est la démonstration, à 25 ans de distance, de ce qu'avec rien ou presque rien, l'exploitation intelligente, la mise en coupe réglée d'un vice inhérent à la nature humaine est capable de faire.

On ne saurait contester que la Cagnotte a lancé au moins les Baden des bords du Rhin, dont l'attirail princier aujourd'hui nous éclabousse... Pourquoi, à notre tour, ne pas demander au jeu notre « trésor de guerre », — et de bonne guerre ? s'est-on demandé...

« Tout le monde sait que si les jeux ne sont pas autorisés (chez nous), ils sont tolérés, et alors de deux choses l'une : ou les jeux sont interdits, et l'on doit absolument empêcher qu'on joue ; ou ils sont permis, et alors pourquoi ne pas en tirer profit pour le bien des stations et l'intérêt général ? » Qui parle ainsi ? Le Professeur Proust lui-même, inspecteur général des Eaux Minérales, dont la fonction a survécu à celle de ses inutiles subordonnés.

L'impôt direct sur les jeux ! La solution indiquée par M. Proust, et dont certes je ne suis pas le partisan, vaudrait mieux, à tout prendre, que la solution bâtarde proposée, ces jours-ci, par un Synode de personnalités thermales et qui est une contrefaçon de la « Kurtaxe » allemande par le prélèvement d'un tant pour cent sur la recette des Casinos, des Etablissements et des Hôtels...

Les gros bénéficiaires de jadis sont réduits maintenant,

comme chacun sait, à la portion congrue, et c'est la clientèle qui finira par payer; là gît l'ingénieuse combinaison .. Dans un pays comme le nôtre, où le cri électoral « pas d'impôts nouveaux ! » trouve toujours un écho naïf, ce sera, en vérité, un singulier moyen de propagande que de faire un appel aux bourses, de moins en moins garnies, de plus en plus récalcitrantes... Et qu'offrir en échange à nos curistes, à l'instar de l'Allemagne prise à tort comme exemple ? La boisson gratuite ? Nos buvettes sont aliénées pour des demi-siècles, et la taxe de cure s'appelle dans nos Pyrénées l' « abonnement »... *Non bis in idem*... La Musique pour rien ? Mais la dépense de l'orchestre incombe, aux termes de nos cahiers des charges, aux Compagnies fermières, qui doivent en même temps exploiter le théâtre, entretenu là-bas par la Kurtaxe... Des embellissements aux Thermes et aux Promenades ? Mais à quoi serviront alors les grosses redevances et les contributions énormes imposées dans les contrats de concessions ?. .

L'argent manque-t-il autant qu'on le dit ? Si les convenances ne m'empêchaient de mettre les points sur les *i*, je vous montrerais bien comment, dans telle station dont je me suis interdit de prononcer le nom, la stricte application des justes lois nous constituerait aisément un « fonds de cure » suffisant pour parer à toutes les améliorations d'année en année reconnues nécessaires...

Que, malgré les entraves léguées par un Passé qui se perd dans la nuit des Temps, les sommes prélevées sur la clientèle de nos Thermes soient consacrées légitimement et exclusivement aux dépenses thermales, et nous n'aurons rien à envier au *Self-Government* des stations allemandes. La gestion directe n'aurait que des inconvénients chez nous et nous pouvons très bien nous accommoder (comment faire autrement ?) du régime qui est le nôtre des Compagnies concessionnaires, à la condition qu'elles tiendront leurs engagements avec loyauté...

Qu'importe le mode de perception, si les ressources financières ne nous font pas défaut pour regagner le terrain perdu dans le domaine de l'*Accessoire* et faire disparaître les infériorités que j'ai dû vous faire toucher du doigt, chemin faisant, dans notre promenade à travers les Baden d'Allemagne?

Consolons-nous, en attendant, en nous disant que nous avons le *Principal*, ce qui ne se peut improviser, ce que nous n'avons à envier à personne : la vraie montagne, dont nous n'avons vu là-bas que des contrefaçons, et nos eaux merveilleusement actives, consacrées par l'expérience des siècles...

...Ce serait folie de renoncer à nos antiques traditions, d'abdiquer notre royauté thermale, de chercher un succès éphémère dans je ne sais quelle transformation totale selon les idées du jour, que le caprice du moindre théoricien peut renverser de fond en comble demain...

> Lâcher ce qu'on a sous la main,
> Sous espoir de grosse aventure,
> Est imprudence toute pure.

Le Fabuliste a toujours raison...

...Et qu'on ne vienne plus nous parler, parmi les causes de la crise actuelle, de la concurrence étrangère grandissante. Je vous ai montré que le nombre des Français, assez oublieux de la dure leçon de 1870 pour se laisser piper encore aux séductions des Nymphes ennemies, se chiffre tout au plus par centaines ..

De notre côté, au lieu de faire des châteaux... en Russie et ailleurs, (la Russie est bien loin), comptons seulement sur notre clientèle nationale fidèle, et songeons à celle qu'il s'agit de reconquérir. Il faut qu'elle retrouve le chemin de nos thermes embellis et remis à neuf, dès que la Mode, cette souveraine tyrannique, aura accompli son évolution inévitable ; que la médecine, délivrée du cauchemar des microbes, sera revenue de ses préventions à l'égard des remèdes de Dame Nature ; que, surtout, des jours meilleurs seront venus pour notre malheureux pays, sorti victorieux de bien d'autres épreuves...

Nous devons rester nous-mêmes et nous défier des panacées que nous prôneront les conseilleurs, dont la race n'est pas près de se perdre en France... Mais soyons de notre époque et sachons profiter des leçons de savoir-faire et de faire-savoir que nous sommes allés chercher dans les villes d'eaux étrangères. Une réaction se dessine justement dans la chaire et dans la presse médicales contre les prétentions exorbitantes d'outre-Rhin, et le moment est favorable d'activer notre propagande, sans trêve et sans relâche. Sacrifions, puisqu'il le faut, à ces exigences de luxe et de décoration dont nos pères mieux avisés ne sentirent pas le besoin, et que nos Architectes se mettent à l'œuvre !...

Le précepte de Sénèque, dans les circonstances actuelles, doit être notre devise et notre programme :

Et post malam segetem, serendum est.

Même après mauvaise récolte, il faut semer encore !

Docteur MIQUEL-DALTON,

Médecin à Cauterets.

www.ingramcontent.com/pod-product-compliance
Lightning Source LLC
Chambersburg PA
CBHW071435200326
41520CB00014B/3696